农林气象学实验实习指导

张丁玲　刘淑明　主　编
张　磊　穆婉红　严菊芳　副主编

气象出版社
China Meteorological Press

内容简介

本书介绍了气象仪器的构造原理和使用方法、气象要素的观测方法、气候和农业气候资料的整理统计及其分析应用以及农林小气候观测等内容。本教材突出对学生实际操作和观测技能的培养,教材内容能够满足《农林气象学》课程的各实践教学环节的需要,并在教材的附录中编写了实习报告簿。实习报告簿根据需要可以随书使用,也可以沿虚线剪裁装订后单独使用。

本书适用于高等农林院校涉农类专业学生,也可作为环境、生态、地理等相关专业技术人员的参考书。

图书在版编目(CIP)数据

农林气象学实验实习指导/张丁玲,刘淑明主编
. —北京:气象出版社,2019.7(2022.1重印)
    ISBN 978-7-5029-6977-6

Ⅰ. ①农… Ⅱ. ①张… ②刘… Ⅲ. ①农业气象-实验-高等学校-教学参考资料 ②森林-气象学-实验-高等学校-教学参考资料 Ⅳ. ①S16-33 ②S716-33

中国版本图书馆 CIP 数据核字(2019)第 115219 号

农林气象学实验实习指导
张丁玲   刘淑明   主编

出版发行:气象出版社

地 址:	北京市海淀区中关村南大街 46 号 邮政编码:100081
电 话:	010-68407112(总编室) 010-68408042(发行部)
网 址:	http://www.qxcbs.com E - m a i l:qxcbs@cma.gov.cn
责任编辑:	王元庆 终 审:吴晓鹏
责任校对:	王丽梅 责任技编:赵相宁
封面设计:	博雅思
印 刷:	北京中科印刷有限公司
开 本:	787 mm×1092 mm 1/16 印 张:9.5
字 数:	228 千字
版 次:	2019 年 7 月第 1 版 印 次:2022 年 1 月第 2 次印刷
定 价:	22.00 元

前　言

　　《农林气象学实验实习指导》是为配合农学、林学、植物保护、园艺、水利、地理科学等本科专业的气象和农业气象课程教学需要编写的。农学类各专业的气象实习课程可以根据教学需要对本书内容进行适当的选择。

　　根据教学大纲的要求，本教材包括气象仪器原理和使用方法，气象要素观测方法、气候与农林气候资料的整理和统计，以及农林小气候观测。

　　本书的第一部分是气象观测，着重介绍地面气象要素（包括太阳辐射、温度、湿度、气压、风等）的观测，包括绪论、第一章至第七章的内容。这部分实习可以配合理论教学同步进行，将理论和实验相结合，帮助学生更好地掌握气象要素及其观测方法；第二部分是气候资料的整理以及农林小气候观测，介绍了各气候要素的统计方法，并结合一些实例进行统计分析，同时还介绍了农林小气候基本观测知识和方法，内容包括第八章和第九章。这部分实习可以用一周左右的时间集中完成，可以按照气候资料统计—农林小气候观测—农林气候统计三步安排，让学生通过"认知—实践—实践认知"相结合三个过程完成基本技能的训练；第三部分是附录，包括一些与实验实习相关的常用气象表格以及气象实验报告簿，其中气象实习报告簿即为实习作业中观测实践的部分。为了方便使用，气象实习报告簿单独设计，可以根据需要随书使用，也可以剪裁装订后单独使用。此外，我们在相应章节后配有实习思考题，帮助学生对基本技能加以复习和巩固。

　　本书是在西北农林科技大学气象教研组多年教学经验的基础上编写而成，由张丁玲、刘淑明主编，张磊、穆婉红、严菊芳参编。其中，张丁玲负责第一章、第二章、第五章的编写以及全书的修订和统稿；刘淑明负责绪论、第三章的编写，并对本教材进行全面的核校和补正；穆婉红负责第六章、第七章的编写；严菊芳负责第四章的编写；张磊负责第八章、第九章以及附录的编写。同时感谢教研组退休教师许秀娟教授、张嵩午教授和钱允祺教授提出的宝贵意见及部分实验数据的支持。

　　对书中存在的缺点错误，希望广大师生在使用本书时提出宝贵意见，以便进行修改订正。

编者

2019 年 5 月

目　录

绪　　论

一、气象观测的对象和任务

气象观测是研究观测地球大气的物理和化学特征以及大气现象的方法和手段的一门科学,它包括地面气象观测、高空气象观测、大气遥感探测和气象卫星探测等。由各种手段组成的气象观测系统能观测从地面到高空、从局地到全球的大气状态及其变化,观测记录整理成的系统资料是气象工作和大气科学发展的基础。其中,与农业生产关系最密切的是地面气象观测。它是在观测场内用仪器及目力对近地层气象要素和天气现象进行测量和观察的方法和技术。按其内容和用途,地面气象观测可分为天气观测、气候观测及专业观测等。

(1)天气观测主要是为天气分析和天气预报提供气象情报进行的观测。其中基本天气观测按世界气象组织统一规定的观测时次和项目进行。观测时间为世界时 00 时、06 时、12 时、18 时(相当于北京时 08 时、14 时、20 时、02 时)。观测项目为:气压、气温、空气湿度、风向、风速、降水量等的观测。

(2)气候观测主要是为气候分析研究积累资料而进行的观测。其观测时次和项目由各国自定。中国气象部门规定:时次和基本天气观测一致,项目和天气观测类似,另增加日照时数、各层土壤湿度、蒸发量和积雪等。

(3)专业观测指适应各专业需要而进行的观测,如农业气象观测、水文气象观测等。它们的观测时间、次数、项目都按各专业服务的要求而定,如农业气象站通常都加测各层土壤湿度、作物发育期和物候等。

本气象实习指导书包括近地层主要气象要素的观测(即地面气象观测的部分内容)、气候及农业气候资料的整理和农林小气候观测三大部分内容。

二、地面气象观测的基本知识

1. 气象观测资料的"三性"

由于近地面层的气象要素存在空间分布的不均匀性和随时间变化的脉动性,且观测的结果需要在一个国家、一个大区以至全球范围内进行分析和比较,因此,取得的气象资料必须准确地代表一个地区的气象特点,并且各个地区的气象资料能够互相比较,以了解地区间的差异。所以气象资料应具有代表性、准确性和比较性,简称气象观测资料的"三性"。为此,气象观测场、气象仪器的精度及其安装使用方法、观测时间和观测项目、观测方法和记录方法以及观测资料的整理等方面,必须按世界气象组织和国家气象部门的统一规定进行。

2. 观测场

(1)地点的选择　观测场是取得地面气象资料的主要场所,地点应设在能较好地反映本地区大范围气象特点的地方,避免局部地形的影响。观测场周围必须空旷平坦,避免设在陡坡、洼地或邻近丛林、铁路、公路、工矿、烟筒、高大建筑物的地方。观测场边缘与四周孤立障碍物的距离,至少是该障碍物高度的三倍以上;距离成排的障碍物,至少是该障碍物高度十倍以上;距离较大水体(水库、湖泊、河海)的最高水位线,水平距离至少在 100 m 以上,观测场四周 10 m 范围内不能种植高秆作物,以保证空气畅通。

(2)观测场的要求　观测场大小应为 25×25 m²,如确因条件所限,可为 16(东西向)×20(南北向)m²,需要安装辐射仪器的台站,可将观测场南边缘向南扩展 10 m。场地应该平整,保持有均匀草层(不长草的地区例外),草高不得超过 20 cm,场内不得种植作物。

为保护场地的自然状态,场内要铺设 0.3～0.5 m 宽的小路(不得用沥青铺面),人员只准在小路上行走。有积雪时,除小路上的积雪可以清除外,应保护场地积雪的自然状态。为保护场内仪器设备,观测场四周应设有高度约 1.2 m 的稀疏围栏,须能保持气流畅通。

(3)观测场内仪器的布置　要注意互不影响,便于观测操作,具体要求如下:

①高的仪器要布置在北面,低的仪器顺次安置在南面,东西排列成行。

②仪器之间,南北间距不小于 3 m,东西间距不小于 4 m,仪器距围栏不小于 3 m。

③观测场门最好开在北面,仪器安置在紧靠东西向小路的南面,观测人员应从北面接近仪器。

④因条件限制不能安装在观测场内的仪器,总辐射、直接辐射、散射辐射、日照以及风观测仪器可安装在天空条件符合要求的屋顶平台上,反射辐射和净全辐射观测仪器安装在符合条件的有代表性下垫面的地方。

⑤观测场内仪器的布置,可以参考图 0.1。

3. 观测工作的组织

(1)观测时间

国家基本站每天进行 02 时、08 时、14 时、20 时(北京时,下同)四次定时观测,昼夜守班;国家一般站进行 02 时、08 时、14 时、20 时四次或 08 时、14 时、20 时三次定时观测,昼夜守班或白天守班。

(2)观测项目

①各次定时观测时均观测空气的温度和湿度、风、气压和 0～40 cm 地温。

②08 时观测降水、冻土。

③14 时换温度、湿度自记纸。

④20 时观测降水、蒸发、最高温度、最低温度和地面最高温度、最低温度,并调整以上温度表。

⑤日落后换日照纸。

各观测项目的记录单位及记录要求见表 0.1。

表 0.1　各观测项目的记录单位及记录要求

观测项目	单位	记录要求	备注
辐照度	瓦/平方米(W/m²)	整数	
日照时数	小时(h)	小数一位	
温度(露点温度)	摄氏度(℃)	小数一位	0℃以下加记负号
相对湿度	百分率(%)	整数	
风向	方位(十六方位)	一个方位	静风记"C"
风速	米/秒(m/s)	小数一位	电接风向风速计记整数
降水量、蒸发量	毫米(mm)	小数一位	不足 0.05 mm 记 0.0
冻土深度、雪深	厘米(cm)	整数	不足 0.5 cm 记 0

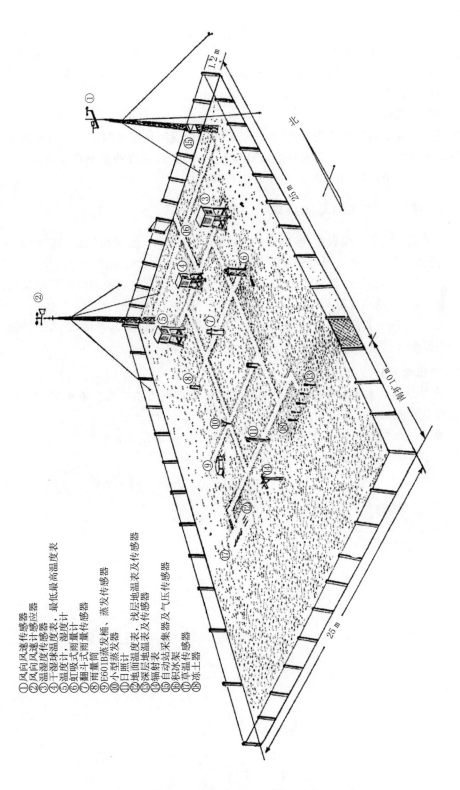

图 0.1 观测场仪器布置参考图

①风向风速传感器
②风向风速计感应器
③温湿度传感器，最低最高温度表
④干湿球温度表，湿度计
⑤虹吸式雨筒
⑥雨量计
⑦翻斗式雨筒
⑧蒸发传感器
⑨E601B蒸发桶、蒸发传感器
⑩小型蒸发器
⑪日照计
⑫地面温度表，浅层地温表及传感器
⑬深层地温表及传感器
⑭辐射表
⑮自动站采集器及气压传感器
⑯积冰架
⑰草温传感器
⑱冻土器

（3）观测程序

一般应在正点前 30 min 左右巡视观测场及所用仪器,尤其注意湿球温度表球部的湿润状态和冬季湿球溶冰等准备工作;正点前 15 min 至正点观测空气的温度、湿度、降水、风和气压等;地温、冻土、蒸发等可安排在正点前 20 min 至正点后 10 min 内观测,气压的观测时间应适当接近正点,日照在日落后换纸。

（4）观测时制和日界

我国规定人工器测日照用真太阳时,辐射和自动观测日照采用地方平均太阳时,其余观测项目均采用北京时。人工器测日照以日落为日界,辐射和自动观测日照以地方平均太阳时 24 为日界,其余项目均以北京时 20 时为日界。

三、气象观测工作的基本要求

为了保证获取具有代表性、准确性、比较性的气象记录,除观测场地和组织工作有严格要求外,还要求气象观测人员严格执行技术规定,准确及时进行观测,认真记录及统计,禁止早测、迟测、漏测、缺测,严禁涂改伪造,并要十分注意保护观测场地和维护观测仪器,使之符合规范(地面气象观测规范)要求。

气象观测是一门方法性学科,在学习过程中,不但要知道怎么做,为什么这样做,而且还要熟练掌握操作技能,使之规范化。

【实习思考题】

1. 简要说明气象观测场地和场地内仪器安置的原则。在可能的条件下,参加一次观测场地选择和场内仪器安置的实践活动。

2. 熟悉一次观测组织工作的流程,并牢记气象观测工作的基本要求。

3. 根据本章所学内容,设计一张气象观测记录表。

第一章　太阳辐射的观测

【实验的目的和意义】

了解测量太阳辐射常用仪器的构造原理,掌握太阳辐射的观测方法。

【实验仪器】

直接辐射表,总辐射表,散射辐射表,净辐射表。

【实验内容】

太阳辐射的观测包括太阳直接辐射辐照度、水平面上散射辐射辐照度和总辐射辐照度的观测,以及水平面上直接辐射辐照度的计算。

这里的辐射强度(辐照度)是指单位时间内投射到单位面积上的辐射能,单位是瓦/平方米(W/m^2),测量辐射强度的仪器统称为辐射表。常用的辐射表主要有总辐射表、直接辐射表、散射辐射表、净辐射表等。

第一节　测定太阳辐射的仪器构造及原理

测定太阳辐射的仪器主要有直接辐射表、散射辐射表和总辐射表,这三种仪器都是热电型辐射表,必须配有专用的辐射电流表。

一、直接辐射表

直接辐射表又称为直射表或日射表,用于观测太阳垂直入射光的平面上的太阳直接辐射辐照度。

1. 构造

由感应部分、进光筒、支架等组成,如图 1.1 所示。

(1)感应部分

包括感应面和星状热电堆(图 1.2),感应面是一块熏黑的银箔。它的背面贴有热电堆,热电堆如图 1.2 所示,排列成环形星状,由 36 对康铜—锰铜热电偶串联而成,热接点固定在银盘背面,冷接点贴附在铜环的口边上,铜环暴露在空气中以维持与仪器处在同一的热状态。热电偶的两端用导线引出筒外,接到电流表上。整个感应部分安置在进光筒的底部。

(2)进光筒

它是一个金属圆筒,筒长 116 mm,直径 20 mm,张角 10°,内有多层自筒口向里内径逐渐减少的环形光栏,使进光筒具有一定的孔径对准太阳。为了对准太阳,它的两端分别固定两个圆环,筒口的圆环的白色瓷盘上有一个小孔,筒末端的圆环的白色瓷盘上有一黑点,小孔和黑点的连线与筒中轴相平行,如果光线透过小孔落在黑点上,说明进光筒对准太阳。

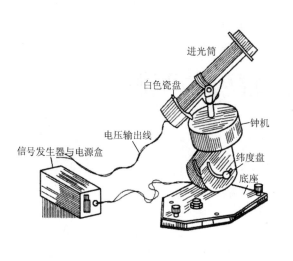

示意图　　　　　　　　　　　　　　　　　　实物图

图 1.1　直接辐射表

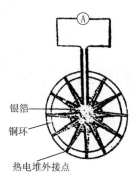
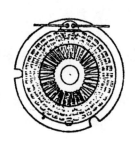

图 1.2　感应器示意图

（3）支架和底座

支架一方面用来支撑进光筒并使之对准太阳,另一方面还可以调整进光筒与地平面的交角,对准当地的纬度。新式的直接辐射表支架上有自动跟踪太阳的装置,底座可固定支架。

2. 原理

当银箔向阳面垂直于太阳光线时,银箔吸收太阳辐射增热,并和周围空气进行热交换,达到热平衡后,感应面(热端)与空气(冷端)之间产生温差,其温差大小取决于辐照度的大小。此温差使热电堆产生温差电动势,用电流表测量其电流强度,即可计算出垂直于太阳直射光平面上的直接辐照度,其值为

$$S = N_s \times A_s (\text{W/m}^2)$$

式中:N_s 为订正后的电流表示数,A_s 是辐射电流表的换算因数。

二、总辐射表

总辐射表又称天空辐射表,用于测量总辐射和反射辐射。总辐射是指水平面上接收的太阳直接辐射和散射辐射之和。测量总辐射时将感应面水平向上安装;反射辐射是指总辐

射到达地面后被下垫面向上反射的那部分太阳短波辐射。实际测量的反射辐射包括地面所反射以及仪器与地面之间的大气所散射的太阳辐射。测量反射辐射将总辐射表感应面向下安装,并将白色挡板翻过来装,以避免雨水积聚。

总辐射表由感应面、玻璃罩、白色挡板、干燥器、水准器、底座等组成,如图 1.3 所示。

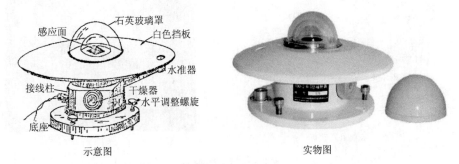

图 1.3　总辐射表

总辐射表的感应部分由感应面和热电堆组成,感应面通常为圆形(例如 TBQ-2 型),也有方形的(例如 DYF-4 型)。按其冷接点的情况,感应面可分为全黑型和黑白型。全黑型的总辐射表原理同直接辐射表。黑白型的冷接点位于白色涂料下,全黑型的冷接点藏在仪器体内。对于黑白型的感应面,它是根据黑白片吸收率的差异,产生温差电动势来测定总辐射,其他原理同直接辐射表。

为使短波辐射透过,而隔开长波辐射,且防止风对感应面的影响,感应面上加有半球形石英玻璃罩。双层罩的作用是为了防止外层罩的红外辐射影响,减小测量误差。白色挡板的作用既可以挡住太阳辐射对机体下部的加热,又防止仪器水平面以下的辐射对感应面的影响。另外,仪器的干燥器(内装干燥剂)与玻璃罩相通,可用来保持罩内空气干燥,防止水汽在罩内凝结。为保持感应面的水平,底座上还配有水准器和调整螺旋。

三、散射辐射表

散射辐射表又称天光漫射辐射表,用于测量散射辐射。

散射辐射是指被大气散射后自 2π 球面度的立体角投射到地面的太阳辐射,又称天光漫射。实际测量散射辐射时,是将总辐射中直接辐射遮蔽后即是散射辐射,因此,散射辐射表通常由总辐射表配上用以遮蔽太阳直接辐射的遮光装置构成。

散射辐射表由总辐射表和遮光装置(遮光环/遮光球/遮光板)两部分构成,现在常用的是遮光环形式的,如图 1.4 所示。

这种散射辐射表由遮光环、标尺、丝杆调整螺旋、支架、底板等组成,总辐射表安装在支架平台上。遮光环的宽度为 65 mm,直径为 400 mm,固定在标尺的丝杆调整螺旋上,其作用是保证从日出到日落能够连续遮蔽太阳直接辐射。标尺上刻有纬度刻度与赤纬刻度,标尺与支架固定在底板上。

遮光装置采用遮光球的散射辐射表(例如 DFP-1 型),是由电动机带动遮光球自动跟踪太阳以遮蔽太阳直接辐射。此外,还有采用手动遮光板的遮光装置(例如 DFY-2 型天空辐射表),目前已较少使用。

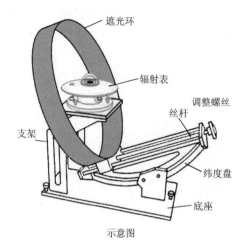

示意图　　　　　　　　　　　　实物图

图 1.4　散射辐射表

四、辐射电流表

我国气象站使用的辐射表都是热电型的,根据热电效应原理制成,必须配有专用的辐射电流表,现在常用数字式辐射电流表,常见的有以下两类:

1. TBQ-SL 型数字式太阳辐射电流表(图 1.5)

此表可测定辐射表产生的温差电动势,并将测得数据经过内部换算后,直接显示测量得到的太阳辐射瞬时值,具有性能稳定、便携、功能丰富等特点,适宜在野外观测中使用。

2. TBQ-DL 型数字式太阳辐射电流表(图 1.6)

TBQ-DL 型数字式太阳辐射电流表由 LED 显示屏、电源开关和数据锁定开关组成。将其测得的数据经过换算后,即为太阳辐射值(W/m^2),换算公式如下:

$$辐射瞬时值(W/m^2)＝辐射电流表显示值(mV)×1000/辐射表灵敏度$$

图 1.5　TBQ-SL 型数字式太阳　　　图 1.6　TBQ-DL 型数字式太阳
　　　　　辐射电流表　　　　　　　　　　　　辐射电流表

第二节 太阳辐射的观测和记录整理

一、仪器的安装和调节

辐射仪器一般要求安装在气象观测场地的南面中部,并避开有地方性雾、烟尘等大气污染严重的地方。测量来自天空的各种辐射时,要求仪器上方不能受任何障碍物影响;测量来自地面的各种辐射时,要求有一个空旷、无障碍物、有代表性下垫面的地方。

仪器安装在特制的台架上。台架采用牢固的不易变形的材料,如木材或金属,通常漆成灰色或黑色。全部仪器可安装在一个或几个台架上,离地面高度为 1.5 m,辐射表排列的原则是:各仪器间应间隔一定距离,一般高的仪器安装在北面,低的在南边,各辐射表互不影响,台架上辐射表的安装位置参照图 1.7。辐射表的输出端用专用防水屏蔽电缆线与仪器显示记录部分连接。

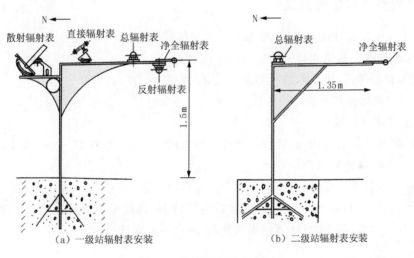

图 1.7 辐射表安装分布图

1. 直接辐射表的安装

直接辐射表安装时要使底座上的方位线对准南北线,底板处于水平状态,纬度刻度盘对准当地纬度,并将接线柱导线与辐射记录仪连接起来。如果是手动观测,直接辐射表和辐射电流表应安置于开阔无震动的地方,直射表摆放时必须对准南北向进光筒,筒口朝南,调整水平、纬度以及进光筒仰角,电流表应避开大的金属物和强电流的干扰,操作时应尽量减少手上热量对直射表本身温度的影响。

测定南北线的方法主要有经纬仪法和铅垂线法。经纬仪法是在真太阳时的正午,用经纬仪观测太阳,然后降低物镜到水平面一点。此点与观测点的连线,即为南北线,在晴朗的夜晚用经纬仪观测北极星也可确定出南北线。铅垂线法是在真太阳时的正午,使用铅垂线,铅垂线的投影即为南北线。使底板水平的方法是转动底板上的水平调整螺旋,使水准器气泡位于中央。使纬度刻度盘对准当地纬度的方法是松开纬度刻度盘上的螺旋,转动刻度盘,使之对准当地纬度,然后转紧螺旋。

2. 总辐射表、反射辐射表的安装

总辐射表安装时要使感应面处于水平状态,并将接线柱导线与辐射记录仪(或辐射电流表)连接起来。调整水平的方法是调整底座上三个水平调整螺旋,使水准器气泡位于中央。测量总辐射的总辐射表安装时感应面向上,要使玻璃半球罩上半部没有障碍物遮挡,使整个半球的辐射都来自于天空,要保证障碍物不遮挡直接太阳辐射,因此,在仪器的正东和正西方应当有较好的观测条件。测量反射辐射的总辐射表安装时感应面向下,并将白色挡板翻过来装,以避免雨水积聚。

3. 散射辐射表的安装

散射辐射表安装时,使标尺指向正南正北方向(遮光环丝杆调整螺旋柄朝北),转动底板上的水平调整螺旋,使底板水平,按当地地理纬度固定标尺位置,将总辐射表安装在支架平台上并调整水平,按当日的太阳赤纬调整遮光环,使之恰好全部遮住总辐射表的感应面和玻璃罩,并将接线柱导线与辐射记录仪(或辐射电流表)连接起来。

二、观测步骤和记录处理

1. 在进行各种辐射观测之前,首先应记录天气状况(见附录 1),还要记录日光状况,即云遮蔽日光的程度。常见的日光状况有以下四种:

(1)无云;(2)薄云,影子明显;(3)密云,影子模糊;(4)厚云,无影子。

2. 将辐射表与辐射电流表相连接。

3. 安装和调试仪器。

4.①瞬时辐射值的观测:打开辐射表感应面上的保护盖,等待 15~20 s 后,记录电流表示数,将电流表显示值转换为辐照度。

②短时辐射值的观测:打开辐射表感应面上的保护盖,等待 15~20 s 后,在电流表上连续读三个数值,各次间隔 10~15 s,取三个数的平均值,将此平均值转换为辐照度。在辐射变化比较大时,如多云天在植物冠层内观测时,可进行五次读数,然后取平均值。

三、检查与维护

1. 直接辐射表

直接辐射表与其他辐射表相比,不仅感应件要灵敏,而且还要跟踪准确,才能获得准确的直接辐射值。要保持在任何天气条件下常年不断地、准确可靠地跟踪太阳是不容易的,因此,要严格遵守操作规程。

(1)每天工作开始时,应检查仪器是否水平,进光筒石英玻璃窗是否清洁,如有灰尘、水汽凝结物,应及时用软布擦净。

(2)跟踪架要精心使用,切勿碰动进光筒位置。每天上下午至少各检查一次仪器跟踪状况(对光点),遇特殊天气要经常检查。如有较大的降水、雷暴等恶劣天气不能观测时,要及时加罩,并关上电源。转动进光筒对准太阳,一定按操作规程进行,绝不能用力太大,否则容易损坏电机。

(3)为保持进光筒中空气干燥,应定期更换干燥剂,更换时旋开进光筒尾部的干燥剂筒即可。

2. 总辐射表

（1）气象台站进行总辐射观测，应在日出前把金属盖打开，辐射表就开始感应。日落停止观测后加盖。若夜间无降水或无其他可能损坏仪器的现象发生，总辐射表也可不加盖。

注意由于石英玻璃罩贵重且易碎，开启与盖上金属盖时应特别小心，不要碰玻璃罩。冬季玻璃罩及其周围如附有水滴或其他凝结物，应擦干后再盖上，以防结冻。一旦金属盖被冻住很难取下时，可用吹风机使冻结物溶化或采用其他方法将盖取下，但都要仔细清洁仪器以免损坏玻璃罩。

（2）检查仪器是否水平，感应面与玻璃罩是否完好等。仪器是否清洁，玻璃罩如有尘土、霜、雾、雪和雨滴时，应用镜头刷或鹿皮及时清除干净，注意不要划伤或磨损玻璃。玻璃罩不能进水，罩内也不应有水汽凝结物。

（3）检查干燥器是否变潮，否则要及时更换。总辐射表防水性能较好，一般短时间或小的降水可以不加盖。但降大雨（雪、冰雹等）或较长时间的雨雪，为保护仪器，观测员应根据具体情况及时加盖，雨停后即把盖打开。

四、水平面上太阳直接辐射辐照度的计算

$$S' = S \times \sin h$$

式中：S 为直接辐射表所观测的太阳直接辐射辐照度，$\sin h$ 为观测时太阳高度角的正弦，S' 为水平面上太阳辐射辐照度。

太阳高度角正弦 $\sin h$ 可用天球坐标公式计算：

$$\sin h = \sin\phi \sin\delta + \cos\phi \cos\delta \cos\omega$$

式中：ϕ 为测点纬度，δ 为观测时赤纬，ω 为观测时的真太阳时时角。

$\sin h$ 计算步骤如下：

1. 真太阳时时角 ω 的求取

（1）将北京时换算成地方平太阳时（地方平时）

求出测点和东经 $120°$ 的经度差，并换算成地方时时差，则

$$地方平时 = 北京时 + 地方时时差$$

$$t_{平} = t_{北} + (当地经度 - 120°) \times 4 分/度$$

（2）将地方平时换算成真太阳时

查附录 2，由观测日期得当天真太阳时与平太阳时的时差订正值，则

$$真太阳时 = 地方平时 + 时差订正值$$

$$t_{真} = t_{平} + n$$

再换算成真太阳时时角 ω

$$\omega = t_{真} \times 15°/h - 180°$$

查附录 2 时注意闰年 1、2 月份查表与平年同，3 月 1 日开始查闰年一行。

2. 赤纬 δ 的查取

查附录 3，由观测日期得赤纬，查表时注意事项同附录 2。

3. 计算 $\sin h$

【例 1.1】 计算 2017 年 10 月 14 日北京时 16 时，杨凌（$108°04'E$、$34°20'N$）的 $\sin h$。

1. 求真太阳时时角：

（1）杨凌与东经 120°的经度差为 108°04′－120°＝－11°56′，换算成地方时时差为－48分，则杨凌地方平时为 15 时 12 分

（2）查附录 2，2017 年 10 月 14 日时差为＋14 分，则真太阳时为 15 时 26 分，换算成真太阳时时角 ω 为 51.5°

2. 赤纬 δ 的查取：

查附录 3，2017 年 10 月 14 日赤纬为－8.0°

3. 计算 sinh：

$$sinh = sin34.3° \times sin(-8.0°) + cos34.3° \times cos(-8.0°) \times cos51.5° = 0.431$$

第三节　净全辐射表介绍

净辐射表又称净全辐射表，用于测量净辐射。由天空（包括太阳和大气）向下投射的和由地表（包括土壤、植物、水面）向上投射的全波段辐射量之差称为地面辐射差额，又称净全辐射，简称净辐射。净辐射是研究地表热量收支状况的主要资料。

一、仪器构造和原理

净辐射表由感应元件、薄膜罩和附件组成，见图 1.8(a)。

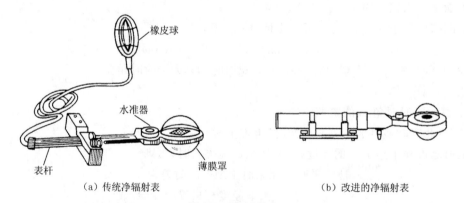

（a）传统净辐射表　　　　　　（b）改进的净辐射表

图 1.8　净辐射表

它的原理与直接辐射表基本相同。感应元件由上下两片涂黑的感应面和热电堆组成，感应面为方形，能吸收波长为 0.3～100 μm 全波段辐射，热电堆两端分别与上下两个感应面相接。由于上下感应面接收到的辐射强度不同，使得热电堆两端产生温度差，测量热电堆输出的电讯号，经过换算就得出净辐射。和其他辐射表不同的是，净辐射表输出有正负值，当天空投射到感应面上的全辐射大于地面投射来的全辐射，输出为正，反之为负。

由于这种净辐射表所测得的净辐射值还与流经感应面的风速有关，为防止风的影响和保护感应面，在上下感应面加两个半球形防风薄膜罩。该罩是用聚乙烯薄膜制成，可透过全辐射。薄膜罩使用时间过长，容易脏污和老化，需经常维护它的清洁并定期更换。

附件主要有表杆、干燥器、上下水准器、上下金属盖、橡皮球等。干燥器装在表杆内，内

装硅胶,橡皮球用于充气,给薄膜罩内提供干燥气体,排除罩内湿气,并保持罩的半球形。

近年来在传统净辐射表的基础上开发出新的净辐射表,见图 1.8b。该表采用新型 PV 透光材料作为滤光罩,解决了传统净辐射表需要经常用气球对其充气、聚乙烯材料经常更换、密封性不好、容易进水等缺点。

二、净辐射表的安装与维护

安装净辐射表的架子由台柱和伸出的长臂组成(见图 1.7),长臂水平方向朝南,长臂末端固定净辐射表,用调整螺旋将感应面调水平,并将导线与辐射记录仪连接起来。

净辐射表的维护注意以下两点:

1. 保持仪器清洁,及时更换干燥剂。
2. 保持滤光罩充满空气、清洁。

【实习思考题】

1. 辐射表的测量原理是什么?
2. 在野外调查中进行辐射观测之前,应该做什么?
3. 熟悉辐射观测的步骤和方法,根据实地情况,设计一个实验,观测太阳直接辐射、散射辐射、总辐射和地面反射辐射。

第二章　日照和照度的观测

【实验的目的和意义】

了解测量日照和照度常用仪器的构造原理,掌握日照和照度的观测方法。

【实验仪器】

照度计、日照计。

第一节　照度的观测

单位面积上接收到的光通量称为光照度,简称照度,单位为勒克斯(lx)。测量光照度的仪器称为照度计或光照传感器。照度计广泛用于气象、农业、林业、环境、生态、照明、建筑等专业。

一、仪器的原理、构造

1. 原理

照度计根据光电效应原理制成,是具有接近于人眼分光灵敏度特性的一种测光仪器。感光元件为光敏半导体(光电池),通常采用硅半导体或硒半导体制成,它和适当的滤光片配合,使得对不同波长入射光的相对灵敏度与正常人的眼睛相同,并将光能转换成电能,使电流表的读数能表示出照度的强弱。

2. 构造

照度计有指针式和数字式两种,均由感光元件和电流表两部分组成。电流表直接显示出光照强度读数,单位为勒克斯(lx)。由于数字式照度计(图 2.1)观测读数更为方便,因此,现代观测中更为常用。

二、观测方法

照度计的型号较多,其操作方法基本相同,可参考说明书进行操作。

使用照度计进行观测时,每个测点的观测次数与平均值的求取与辐射观测相同。

在农业生产上,使用照度计直接测量太阳辐射的光照强度时,只能大致反映作物生长与光照度之间的关系。但因照度计

图 2.1　照度计示意图

结构简单,使用方便,在环境生态观测中仍然可以使用。就照度计而言,无论采用硅光电池还是硒光电池做感应元件,目前来看,由于材料的原因,仪器的准确性还有待进一步提高,表

现为：(1)同一光照下，两个照度计同时测量的光照读数有差异。(2)同一照度计在用不同量程测量时，读数也有差异。(3)仪器的稳定性较差，初始较准确，使用时间长了就会产生较大的误差。

鉴于以上原因，另外还有一种相对照度表，用来测定作物群体内的相对照度。相对照度是群体内光照度与外界自然光照度的百分比。相对照度表配有两个感光探头，一个置于植株外自然光照下称为强光探头，另一个置于植株间弱光照下称为弱光探头，两个探头为电桥的两个桥臂，应用平衡电桥的原理，可测得株间光和自然光两个照度值的比例，即农田中的相对光强。采用相对照度可以消除两个照度计之间的仪器差异，具有一定比较性，但不能消除因使用不同量程而产生的差异。

在测定株间光照度时，由于植株叶片的空间分布很不均匀，使得植株间照度的分布也很不均匀，照度计的感应探头较小，这样测定时就会有较大的偶然性。当探头处于阴影下时，照度就小，处于光斑里时，照度就大，有时可以是阴影下照度的几十倍。因此，观测时为了取得有代表性的资料，就必须以增加观测重复次数来尽量消除偶然性差异。

三、注意事项

1. 使用时务必保持仪器感应面水平。

2. 调换电池，将仪表从盒内取出，卸下底部的电池盖板即可。新电池装入时需注意电池极性不可装错，且两节电池同时调换。

第二节 日照时数的观测

太阳中心从一地的东方地平线跃出到落入西方地平线以下，其直射光线在无地物、云、雾等任何遮蔽的条件下，照射地面所经历的时间，称为可照时间。太阳在一地实际直射地面的时数，称为日照时数或实照时数。

可照时数可根据当地纬度和季节，通过公式计算或由天文年历、气象常用表查出，其中月可照时数见本书附录4。

日照时数用仪器测定。用不同日照仪器测量时，对太阳直接辐射的感应能力各不相同。为了统一"仪器感应"标准，世界气象组织建议，在全年自然条件下，太阳直接辐射到达接收面的辐照度达到 $120 \ W/m^2$ 作为开始有日照的标准，达到上述标准的照射实际时数称为日照时数。单位：小时(h)，取一位小数。

测定日照时数的仪器称为日照计，一般中低纬度地区用暗筒式日照计，高纬度地区用聚焦式日照计。

一、暗筒式日照计

1. 仪器原理与构造

(1)原理

暗筒式日照计是利用太阳光通过仪器上的小孔射入筒内，使涂有感光药剂的日照纸上留下感光迹线，根据感光迹线长短来测定日照时数。

（2）构造

暗筒式日照计又称乔唐式日照计，是由金属筒、纬度刻度盘和支架底座等构成，见图2.2。

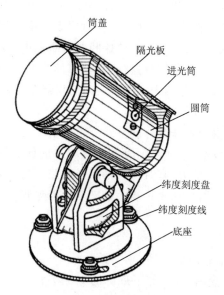

图2.2 暗筒式日照计

金属圆筒的底端密闭，筒口带盖。它的两侧各有一进光小孔，两孔前后位置错开，与圆心的夹角120°。筒内附有压纸夹，用于固定日照纸。有的日照计暗筒上还有隔光板，可将上下午的日光明确分开。圆筒下部有固定螺钉，松开后，圆筒可绕支架轴旋转。支架下部有指示纬度的记号线。

2. 仪器安装

日照计应安置在地形开阔，终年从日出到日落都能受到太阳光照射的地方。通常安置在观测场南部距地面1.2 m的支架上。安置日照计要求如下：

（1）为防止感光线变形，仪器安装要水平，可以使用仪器底座上的水准器进行调整。

（2）底面上要精确测定南北子午线，并划出标记，再把仪器安装在台座上，筒口对准正北（在北半球）。转动筒身，使得支架上的纬度记号线对准纬度盘上当地纬度值，这样筒轴与地轴平行。

（3）仪器安装要牢固，防止其松动而影响观测资料的准确性。

3. 日照纸的涂药

日照纸的涂药质量，直接关系到日照记录的准确性。因此，对药品贮藏及配置，日照纸的涂刷都应特别注意。

（1）药液的配制

药液由感光药枸橼酸铁铵$[Fe_2(NH_4)_4(C_5H_5O_7)_7]$和显影药赤血盐$[K_2Fe(CN)_6]$配制而成。枸橼酸铁铵与水的比例为3∶10，赤血盐与水的比例为1∶10。两种药液配好后，分别装入褐色瓶中，放在暗处备用。

（2）涂药

取等量的两种药液均匀混合，在暗室（或夜间）用脱脂棉（或排笔）蘸药液，均匀地刷在日照纸上，待阴干后暗藏备用，严防感光。

4. 换纸与记录整理

每天在日落后换纸，即使是全日阴雨，也要照常换纸，以备日后查考。换纸时，先打开筒盖，取下压纸夹，取出筒内日照纸，再将涂过药的日照纸填好年、月、日并药面朝里卷成筒状放入筒内，使日照纸上 10 时线对准筒口白线，14 时线对准筒底的白线，且纸上两个圆孔对准两个进光小孔，压纸夹交叉处向上，将纸压紧，盖好筒盖。

换下的日照纸，应以感光迹线的长短，在其下描画铅笔线，然后，将日照纸放入足量的清水中浸漂 3~5 min 拿出，待阴干后，再复验感光迹线与铅笔线是否一致。如感光迹线比铅笔线长，则应补上这一段铅笔线，然后按铅笔线计算各时日照时数，日照纸上一大格为 1 h，一小格为 0.1 h，将各小时的日照时数相加，即得全天的日照时数，如果全天无日照，日照时数记 0.0。

5. 检查与维护

（1）应经常检查仪器的水平、方位、纬度的安置情况，发现问题及时纠正。

（2）日出前应检查日照计的小孔有无被小虫、尘沙等堵塞或被露、霜等遮住。

二、聚焦式日照计

1. 仪器原理与构造

（1）原理

聚焦式日照计是利用太阳光经过玻璃球聚焦后灼烧日照纸留下的焦痕来记录日照时数。

（2）构造

聚焦式日照计又称康培司托克式日照计，是由弧形支架、实心玻璃球、金属槽、纬度刻度尺和底座等构成，见图 2.3

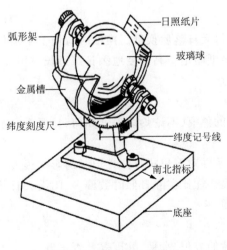

图 2.3　聚焦式日照计

玻璃球支持在弧形支架上,整个弧形支架可以转动,以对准纬度,高纬度地区所用的极地型玻璃球日照计弧形支架还可以左右转动,以分别接收上下午的日照。

与玻璃球同心的金属槽,是用来安装日照纸的,其半径恰好等于玻璃球的焦距。由于一年中太阳位置的变动,日照计焦痕的位置也将上下变动,因此,日照纸分为三种形式分别安装在金属槽的上、中、下三槽内,如图 2.4 所示。

下槽安放夏季日照纸(长弧形),凸面向上,从 4 月 16 日—8 月 31 日适用;中槽安放春秋季日照纸(直线形),从 3 月 1 日—4 月 15 日,9 月 1 日—10 月 15 日适用;下槽安放冬季用纸(短弧形),凹面向上,从 10 月 16 日—次年 2 月底适用。

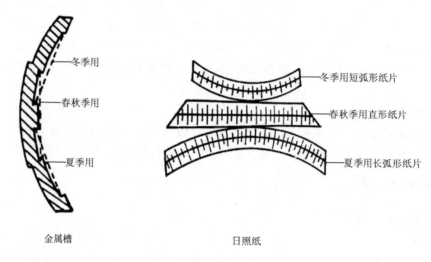

图 2.4　聚焦式日照计的金属槽和日照纸

2. 仪器安装

聚焦式日照计安置的地方,要求与暗筒式相同。如仪器安置正确,在晴朗无云的日子里,焦痕应该与日照纸中间的横线完全平行,两端呈尖形,距 12 时线一样长,否则应检查仪器安装情况。

3. 换日照纸

聚焦式日照计同样在每天日落后换纸。换纸时应使上午线位于西边,12 时线对准金属槽中央的白线,并用穿针将纸固定。高纬度地区日照过长时用极地型日照计,一天应换两次纸,分别在中午和午夜进行。

4. 记录整理

根据换下的日照纸上的焦痕(不论灼烧程度如何,只要看得出是焦痕就算),计算逐时和全日的日照时数。

日照纸的质量和天气条件对聚焦式日照计记录的影响很大。有的日照纸在太阳或藏或露的多云天气,灼烧的焦痕往往比实际日照时数偏多,阴雨天日照计受潮使焦痕显不出来造成记录偏小。

5. 检查与维护

(1)每日检查一次安装的方位、水平、纬度等是否正确。

(2)应经常保持玻璃球的清洁,如有灰尘可用镜头纸或软布擦净,不能用粗布擦拭,以免磨损玻璃球。

(3)如果玻璃球上蒙有霜、雾凇等冻结物,应在日出前用软布蘸酒精擦除;有降水时,应加上防雨罩,但在降水稀疏且有日照时,应及时取掉。

三、其他测日照时数的方法

1. 用直接辐射表测日照时数

世界气象组织把太阳辐照度大于等于 120 W/m^2 作为开始有日照的标准,因此,直接辐射表每日自动跟踪太阳输出的信号,自动测量系统把辐照度大于等于 120 W/m^2 的时间累加起来,即可以作为每天日照时数。这些数据可以从采集器中得到,用这种方法得出的日照时数与仪器的跟踪装置是否准确关系极大,普通跟踪装置的直射表,必须加强维护检查,每天上、下午至少要校准一次光电,才能保证记录的准确性。用全自动跟踪装置的直射表观测日照时数最为准确。

2. 用总辐射表和散射辐射计算日照时数

当遇到直射表不能正常工作的特殊情况时,只能通过观测到的总辐射和散射辐射,以及当时的太阳高度角,计算出水平面直接辐射、垂直面直接辐射。再根据计算出的直接辐射大于等于 120 W/m^2 的时间,累加计算日照时数。但这种方法只是临时措施,不能长期使用,应尽快修复直射表。

【实习思考题】

1. 观测光照度时应注意哪些问题?

2. 照度计所测的光照度为什么不能完全反映作物生长与光照度之间的关系?

3. 日照时数的观测在农林业生产中有什么作用?

第三章　空气温度和土壤温度的观测

【实验的目的和意义】

了解温度表的构造原理和百叶箱内仪器的安装、地温表的安装,掌握空气温度和土壤温度的观测原则和测定方法。

【实验仪器】

普通温度表、最高温度表、最低温度表、曲管地温表、直管地温表、插入式地温表、双金属片温度计

【实验内容】

空气的温度(简称气温)是表示空气冷热程度的物理量,地面气象观测中测定的是离地面 1.5 m 高度处的气温。土壤温度包括地面温度、地中浅层(离地面 5 cm、10 cm、15 cm、20 cm 深度)及较深层(离地面 40 cm、80 cm、160 cm、320 cm 深度)的温度,统称地温。

温度观测均采用摄氏温标,单位是摄氏度(℃)。

常用测温仪器是玻璃液体温度表和双金属片温度计。

第一节　玻璃液体温度表

任何物质的温度变化,都会引起自身特性的改变。研究对象的热胀冷缩反映了物质物理特性(体积大小)与温度之间的定量关系,玻璃液体温度表是利用测温液体的这种特性来测量温度的。

一、测温原理

它的感应部分是一充满测温液体的球部,与球部相连的是一根一端封闭、粗细均匀的毛细管。设温度 $0℃$、$t℃$ 时,球部与管部的液体体积为 V_0、V_t。当温度改变 $\Delta t℃$ 时,液体体积的变化量为 ΔV,则有:

$$\Delta V = V_t - V_0 = V_0(1 + a\Delta t) - V_0 = V_0 a\Delta t \tag{3.1}$$

式中:a 为测温液的视膨胀系数,即测温液体膨胀系数与玻璃膨胀系数之差。

在截面积为 S 的毛细管内,液柱长度改变了 ΔL,即:

$$\Delta L = \frac{\Delta V}{S} = \frac{V_0 \alpha}{S}\Delta t \tag{3.2}$$

式中:V_0、α、S 对于一支温度表来说是固定的(α 近似常量),则液柱长度改变量 ΔL 与温度的变化成正比,故可利用液柱位置变化来测定温度。

二、种类

常用的玻璃液体温度表主要有普通温度表、最高温度表、最低温度表、曲管地温表和直

管地温表等,温度表读数精确到0.1℃。除普通温度表中的干湿球温度表的刻度分度为0.2℃外,其他的温度表的刻度分度均为0.5℃。

1. 普通温度表

可用来测定任一时刻温度。通常由感应球部、毛细管、刻度磁板、外套管组成(图3.1),是一种套管温度表。如测定气温用的干球温度表及测定地面温度的地面温度表均属此类。此外,有的普通温度表毛细管壁较厚,温度刻度直接刻在毛细管外壁上,称为棒状温度表。

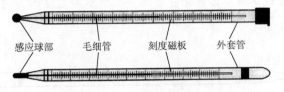

感应球部　毛细管　刻度磁板　外套管

图3.1　普通温度表

常用的测温液有水银和酒精两种。水银具有比热小、导热率大、不透明等优点,可制作精度较高的水银温度表。但水银的凝固点太高,只有−38.9℃,所以低温条件下只能用凝固点很低的酒精(−117.3℃)作为测温液。而酒精纯度低、沸点低,且浸润玻璃,因此,酒精温度表精度低。一般采用水银温度表,但测量−36℃以下的低温及精度较低的温度观测时用酒精温度表。

2. 最高温度表

用来测定一定时间间隔的最高温度。

(1)构造原理

球部内有一玻璃针,伸入毛细管,使球部和毛细管之间形成一窄道(图3.2)。当温度升高时,球部水银体积膨胀,挤入毛细管;而温度下降时,水银收缩,由于窄道外的摩擦力超过了水银的内聚力,毛细管内水银在此中断,不能缩回球部,温度表的最高示度就被保留下来。

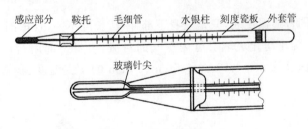

感应部分　鞍托　毛细管　　水银柱　刻度瓷板　外套管

玻璃针尖

图3.2　最高温度表

(2)调整

最高温度表观测读数完后,必须用外力使毛细管内部水银回到球部,称为调整。调整的方法是用手握住表身,球部向下,磁板面与甩动方向平行;手臂向外伸出约30°的角度,用大臂将表在前后45°范围内甩动,毛细管内水银即可下落球部,使示数接近于当时的干球温度。调整后,应把温度表水平放回到原来的位置上,先放球部,后放表身,以防水银柱因重力作用滑向表身。

3. 最低温度表

用来测定一定时间间隔的最低温度。

（1）构造原理

测温液是酒精,毛细管内有一蓝色哑铃形游标(图3.3),当温度下降时,感应球部的酒精体积收缩,使毛细管中的酒精柱向感应球部收缩,由于酒精柱顶端表面张力作用大于毛细管壁对游标的摩擦力,游标被酒精柱凹面推着向低温方向移动;而当温度上升时,酒精体积膨胀,由于此时没有酒精柱凹面的表面张力作用于游标,酒精对游标的作用力小于毛细管壁对游标的摩擦力,膨胀的酒精可由游标的周围慢慢通过,而不能带动游标移动,游标仍停留在原处。因此,蓝色哑铃状游标远离感应球部一端所示的温度即为过去一段时间内曾经出现过的最低温度。

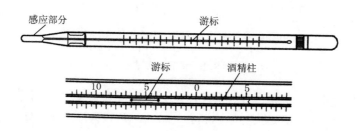

图3.3 最低温度表

（2）调整

抬高温度表的球部,表身倾斜,使游标回到酒精柱的顶端。

（3）注意事项

最低温度表游标远离球部的一端表示最低温度,而酒精柱表示空气温度。观测最低温度时,眼睛应平直地对准游标远离球部的一端,观测酒精柱顶时,对准凹面中点(最低点)位置,如图3.3所示,低温度的读数(即游标的示度)是−3.6℃,气温(酒精柱)读数5.3℃。

4. 曲管地温表

其构造和原理同普通温度表,只是表身下部伸长,长度不一,且球部上端弯折,与表身成135°夹角(图3.4)。为了防止玻璃套管内空气的对流,表身下部用石棉灰及棉花充填。整套曲管地温表包括深度为5 cm、10 cm、15 cm、20 cm的4支温度表,常用于观测固定地点浅层各深度的地温。

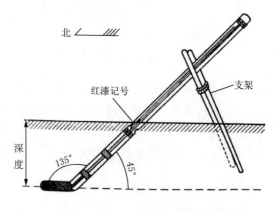

图3.4 曲管地温表

5. 直管地温表

直管地温表用于测量深层土壤温度,以水银作为测温液体。一套直管地温表通常有四支,分别测量 40 cm、80 cm、160 cm、320 cm 深度的深层土壤温度。直管地温表构造如图3.5 所示,温度表装在带有铜底帽的保护框内,保护框中部有一长孔,使温度表的示数部分显露以便于读数。保护框的顶端连接在一根木棒(或三节棒)上,测量的深度越深,木棒的长度越长。木棒和保护框安放在一根硬橡胶套管中,木棒顶端有一金属盖,可盖住套管口。木棒上缠有绒圈,金属盖内装有毡垫,以阻滞管内空气对流和管外空气交换,也可防止降水等落入。直管地温表在安装时将套管垂直埋入土中,观测时需将温度表从套管中抽出进行读数。直管地温表主要用在常规地面气象观测中,农业及其他方面很少用到。

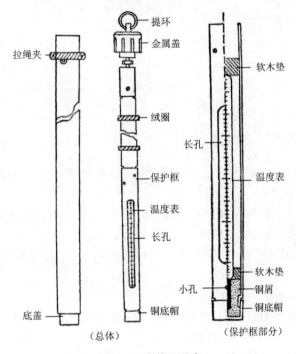

图 3.5　直管地温表

6. 插入式地温表

此表是将一支普通温度表固定在金属保护套内,套管下端是锐利的金属尖,温度表球部用金属屑填充,使用时以尖端插入土中,5 min 后即可读数,常用于野外流动观测。

三、温度表的器差订正

温度表由于制造的材料、技术和测温液体日久变化等原因,通常都存在有不同程度的仪器误差,这种仪器误差通常简称为器差。在每支温度表出厂前或送到专业部门重新检定时,检定人员将温度表和标准温度表进行鉴定比较,得出温度表的器差订正值,并制成温度表的器差订正表,列在该温度表的鉴定证上。

温度表的观测读数必须进行器差订正,消除温度表本身的误差后,才能得到实际的温度值。对观测读数进行器差订正时,首先对照温度表的表号找到该温度表所对应的器差订正表,并在器差订正表中找出观测读数所处的温度范围所对应的器差值,然后将观测读数与器差值相加即得到实际的温度值。订正公式为:

$$实际值＝读数值＋器差(订正值)$$

【例3.1】 某表号为691210的温度表的器差订正表见表3.1。某次观测时,该温度表的读数为21.5℃,由其器差订正表可知,21.5℃介于温度范围12.6～25.0℃之间,对应的器差订正值为－0.1℃,则实际温度为:

$$21.5℃＋(－0.1℃)＝21.4℃$$

表3.1 温度表器差订正值表(℃) 表号:691210

温度范围		器差订正值	温度范围		器差订正值
自	至		自	至	
－25.0	－5.0	－0.2	＋12.6	＋25.0	－0.1
－4.9	＋2.5	－0.1	＋25.1	＋40.0	0.0
＋2.6	＋12.5	0.0	＋40.1	＋50.1	＋0.1

检定日期: 检定人:

四、液体温度表的其他误差

液体温度表的误差除上述提到的器差外,常见的还有视线误差和惯性误差。

1. 视线误差

观测温度时,视线必须与温度表毛细管中的液柱垂直,否则将造成人为的误差。若视线不平时,眼睛位置偏高,则视线通过液柱顶部看到的毛细管后面的标尺刻度必然偏低,反之则偏高。若视线不垂直于毛细管,倾角为20°时,可产生0.3℃的视线误差。因此,读数时应尽力避免视线误差。

2. 惯性误差

前面已经指出,温度表需要同空气进行热量交换,并达到平衡,才能正确地指示出气温来。这种通过热量交换达到平衡的过程,是需要一定时间的,这就使得温度表的反应要落后在实际温度变化的后面。这种落后现象称为温度表的惯性(滞后性)。如果测定恒定温度的物质,那么,只要使温度表停留在被测物质中时间长一些,就能测到较为正确的温度。但是,气温和地面温度是经常变化的,这时温度表的惯性,就使测得的温度与实际温度有一定的出入,由此造成的误差,称为惯性误差。

温度表惯性的大小与温度表球部的热容量以及球部表面积的大小有关。任何物体的热容量等于它的质量乘以比热,所以球部的质量越大,热量交换达到平衡所需要的时间就越长,惯性就越大;反之,就小。如果球部质量相同,由于水银的比热比酒精小,因而水银温度表的惯性比酒精表小。在气温剧烈变化时,水银温度表示数常与酒精温度表不一致。球部质量和测温液比热都相同的温度表,如果球部表面积愈大,热量交换就愈容易,惯性就小;反之,就大。正是这个缘故,酒精温度球部一般是不做成圆球形(表面积最小),而是做成圆柱形,有的还做成双叉形。

温度表的惯性还与当时的通风情况有关。如果通风情况良好,则热量交换比较迅速,惯性影响就小些;反之,就大。

惯性误差的大小不仅取决于温度表的惯性,还受气温变化快慢的影响。通常气温的变化比较缓慢,因此,只要温度表置于空气流通的百叶箱中足够长时间,使温度表与空气的热量交换比较充分,就可以基本上消除惯性误差,比较准确地测出当时的气温。

第二节　双金属片温度计

　　温度计是自动记录气温连续变化的仪器。从自记记录上可以获得任何时间气温、极端值(最高值和最低值)及其出现时间。由于精度所限,其记录必须与百叶箱干球温度表同时测得的气温比较,进行差值订正,方可使用。

一、仪器原理和构造

　　温度计的构造如图 3.6 所示,分为感应、传递放大和自记三大部分。

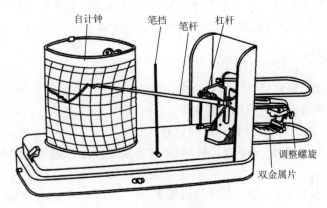

图 3.6　双金属片温度计

1. 感应部分

　　感应部分是一个双金属片,它由两片热胀系数不同的金属片互相铆接或焊接在一起组成。一般上片为膨胀系数大的黄铜,下片为膨胀系数小的因钢。当温度变化时,由于黄铜和因钢的膨胀量不同而发生弯曲(图 3.7)。双金属片一端固定在支架上,另一端(自由端)随温度变化发生位移,其位移与温度变化成正比,故可根据自由端的位移确定温度变化。

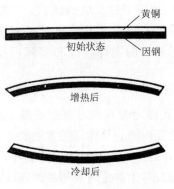

图 3.7　双金属片变化示意图

2. 传递放大部分

由一组杠杆组成,其作用是使双金属片自由端微小位移放大并传递到自记笔尖上。

3. 自记部分

包括自记钟、自记纸与自记笔。圆筒形的自记钟内装有类似普通钟表的钟机,钟筒套在仪器的主轴上,主轴底部有一固定齿轮,自记钟底部有一向外伸出的小齿轮,与固定齿轮相衔接,小齿轮能随机转动。在钟机走动时,小齿轮就围绕固定齿轮均匀旋转,从而带动整个钟筒旋转。一般自记钟分日转与周转两类。

自记纸裹紧在钟筒上,用压纸条压紧,纸上的纵坐标为温度值,每一小格表示 $1.0℃$,横坐标为时间线,是一弧线,每一小格表示 15 min,自记笔尖内盛有挥发性很小的特制墨水。自记钟时刻运转,温度不断变化,笔尖在自记纸上就连续画出清晰的曲线。

二、观测和记录

观测时,根据笔尖在自记纸上的位置读数,取一位小数,并作时间记号。作时间记号的方法是按动一下仪器右壁外侧的计时按钮,使自记笔尖在自记纸上划一短垂线。

三、更换自记纸

日转型每天换纸,周转型每周换纸一次,常用的是日转型的自记钟及其配套的自记纸,在每天的 14 时更换自记纸。换纸步骤如下:

1. 作记录终止的记号(方法同作时间记号)。

2. 掀开盒盖,拨开笔挡,取下自记钟筒(也可不取下),在自记迹线终端上角记下记录终止时间。

3. 松开压纸条,取下自记纸,上好钟机发条(切忌上得过紧),换上填写好日期的新纸。上纸时要求自记纸卷紧在钟筒上,两端的刻度线要对齐,底边紧靠钟筒突出的下缘,切勿使压纸条挡住有效记录的起止时间线。

4. 在自记迹线开始记录一端的上角,写上记录开始时间,使钟筒稍微超过当时时间,再将钟筒反转(以消除大小齿轮间的空隙),使笔尖对准记录开始的时间,拨回笔挡并作一时间记号,盖上盒盖。

四、自记记录的订正

由于自记钟筒走时的快慢,感应部件反应的滞后,传递装置的摩擦等原因,自记纸上的读数往往存在误差,因此,需要对双金属片温度计的温度记录进行时间订正和读数订正。订正的方法是对照定时观测时的实际时间和实际温度对双金属片温度计的器差进行内插。

1. 时间订正

双金属片温度计的时间订正以定时观测时在自记纸上所做的时间标记作为订正的依据,对双金属片温度计的时差进行内插。具体订正方法如下:

当时间标记超过正点线时,时差为正,时间标记不到正点线时,时差为负。本次定时观测的时间以 t_n 表示,时差以 τ_n 表示,上次定时观测的时间以 t_0 表示,时差以 τ_0 表示,则两次定时观测中间的各个正点时间 t_i 的时差 τ_i 可由下式求得:

$$\tau_i = \tau_0 + \frac{\tau_n - \tau_0}{t_n - t_0}(t_i - t_0) \tag{3.3}$$

两次定时观测中间的各个正点的正确时间等于自记纸上的各个整点时间加上当时的时差,并将各个正点的正确时间用铅笔在自记纸的温度日变化曲线上标出正确位置。

【例3.2】　08时温度计观测读数时,时间标记在07时50分,14时温度计观测读数时,时间标记在14时05分,计算08时、09时、10时、11时、12时、13时、14时在自计纸上的正确时间。

总的时差变化:$5 - (-10) = 15$ min

平均时差变化:$15 \div 6 = 2.5$ min

各正点的时差:08时,起始时差$= -8$ min

　　　　　　　09时,$-10 + 2.5 \times 1 = -8$ min

10时,$-10 + 2.5 \times 2 = -5$ min

11时,$-10 + 2.5 \times 3 = -3$ min

12时,$-10 + 2.5 \times 4 = 0$ min

13时,$-10 + 2.5 \times 5 = 3$ min

14时,$-10 + 2.5 \times 6 = 5$ min

2. 读数订正

双金属片温度计的读数订正以定时观测时由普通温度表得到的实际温度作为订正的依据,对双金属片温度计的器差进行内插。具体订正方法如下:

先由双金属片温度计自记纸上读出各个正点时的自记值,并对照四次定时观测(02时、08时、14时、20时)的实际温度值(经过器差订正后的普通温度),计算出这四个时次的器差,器差=实际值-自记值;再可由下式求出两次定时观测中间的各个正点时的器差,本次定时观测的时间以t_n表示,器差以ε_n表示,上次定时观测的时间以t_0表示,器差以ε_0表示,两次定时观测中间的各个正点时间以t_i表示,器差以ε_i表示;然后进一步计算出各个正点时的实际温度值,实际值=自记值+器差。

$$\varepsilon_i = \varepsilon_0 + \frac{\varepsilon_n - \varepsilon_0}{t_n - t_0}(t_i - t_0) \tag{3.4}$$

【例3.3】　由普通温度表经器差订正后得到08时的实际温度为$-1.9℃$,14时的实际温度为$2.4℃$,由双金属片温度计自计纸上读出的各个正点时的读数表见表3.2,求算09时、10时、11时、12时、13时的实际温度。

08时的器差:$-1.9 - (-1.4) = -0.5$

14时的器差:$2.4 - 2.3 = 0.1$

总的器差变化:$0.1 - (-0.5) = 0.6$

平均器差变化:$0.6 \div 6 = 0.1$

各正点的器差:08时,起始器差$= -0.5$

　　　　　　　09时,$-0.5 + 0.1 \times 1 = -0.4$

　　　　　　　10时,$-0.5 + 0.1 \times 2 = -0.3$

　　　　　　　11时,$-0.5 + 0.1 \times 3 = -0.2$

　　　　　　　12时,$-0.5 + 0.1 \times 4 = -0.1$

13 时，$-0.5+0.1×5=0.0$

14 时，终止器差$=0.1$

各正点实际值：08 时，-1.9

09 时，$-0.8+(-0.4)=-1.2$

10 时，$-0.2+(-0.3)=-0.5$

11 时，$0.5+(-0.2)=0.3$

12 时，$1.4+(-0.1)=1.3$

13 时，$1.9+0.0=1.9$

14 时，2.4

表 3.2　温度自记记录器差订正表（℃）

	时间						
	8	9	10	11	12	13	14
实测值	-1.9						2.4
自记值	-1.4	-0.8	-0.2	0.5	1.4	1.9	2.3
器差值	-0.5	-0.4	-0.3	-0.2	-0.1	0.0	0.1
正确值	-1.9	-1.2	-0.5	0.3	1.3	1.9	2.4

五、检查与维护

1. 当记录曲线出现"间断"或"阶梯"现象时，应及时检查自记笔尖对自记纸的压力是否适当。方法是：把仪器向自记笔杆的一面倾斜 8°～15°，如笔尖稍微离开钟筒，则压力适宜，否则说明压力过大或过小，应检查笔根转轴是否灵活，或调节根部的螺丝，使笔尖压力适当。

2. 平时不要随便调整自记仪器笔尖位置，只有当自记纸示度与实测值相差较大时才转动调整螺丝，把笔尖调整到正确示度上。

3. 笔尖须及时添加墨水，但不要过满，以免墨水溢出，要换笔尖时应注意自记笔杆（包括笔尖）的长度必须与原来的等长。

第三节　空气温度的测定

一、实验的目的

了解空气温度的测定方法，掌握百叶箱内仪器的安装、温度计的使用、温度表的读数。

二、实验内容

空气温度的观测包括定时气温、日最高、最低气温观测及气温的连续记录。用干球温度表，最高、最低温度表及温度计观测。

三、实验仪器及安装

1. 辐射误差的防护

由于测温仪器的感应部分对太阳及周围物体辐射能的吸收能力远远大于空气,如果仪器露天放置在被测环境下测定气温,太阳辐射及周围物体的辐射对气温观测会产生"辐射误差",这种误差在晴朗的白天可使气温偏高 4~5℃,夏季甚至可偏高 10℃,夜间会偏低 1~2℃。因此,进行气温观测必须采取防辐射措施。可将温度表(计)置于百叶箱或简单的防辐射罩内,或者温度表上增设通风和防辐射装置。

2. 百叶箱及仪器安装

百叶箱是安置测定空气温、湿度仪器用的防护设备。它的作用是防止太阳对仪器的直接辐射和地面对仪器的反射辐射,保护仪器免受强风、雨、雪等的影响,并使仪器感应部分有适当的通风,能真实地感应外界空气温度和湿度的变化。我国百叶箱内的平均自然通风速度约为 0.4 m/s。

(1)百叶箱构造

百叶箱有木质百叶箱和玻璃钢百叶箱两种(图 3.8)。

①木质百叶箱

木质百叶箱分大、小两种。四壁由两排薄的木板百叶组成,木板向内、向外倾斜与水平方向成 45°角,箱底由三块木板组成,中间一块比边上稍高一些,箱盖有两层,其间空气能自由流通。百叶箱内外均涂白色,以减少辐射影响。

②玻璃钢百叶箱

玻璃钢百叶箱可以取代大、小木质百叶箱。与木质百叶箱相比,其性能、寿命、外观等方面均有明显突破。在性能上,它通过减小热容,增设垂直通风口等措施使箱内环境随外界天气变化的速度加快,而且它防强风、雨、雪、太阳辐射的能力也有所提高。

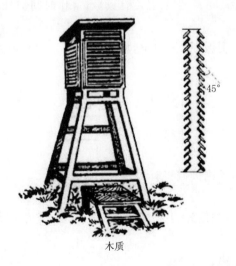
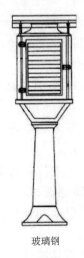

木质　　　　　　　　　　玻璃钢

图 3.8　百叶箱

(2)仪器安置

百叶箱应水平牢固地安装在一个高出地面的特制的支架上,箱门朝正北。

小百叶箱内安置各种温度表和毛发湿度表。各种仪器应装置在一个固定的支架上(图 3.9),干湿球温度表垂直悬挂在支架两侧的环内,干球在东,湿球在西,球部中心距地 1.50 m。最高、最低温度表水平放置在支架下横梁上的二对弧形钩上,球部中心离地 1.52~1.53 m,因此,气象台站测定的气温是离地面 1.50 m 高度的气温。

大百叶箱内安置温度计和湿度计,温度计安放在前边支架上,感应部分中心离地 1.50 m,湿度计放在后边稍高木架上。

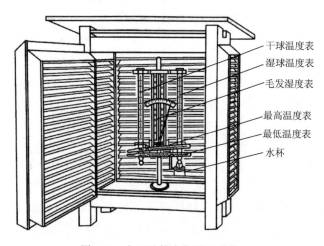

干球温度表
湿球温度表
毛发湿度表
最高温度表
最低温度表
水杯

图 3.9　小百叶箱内仪器的安装

四、观测步骤和记录

1. 定时观测程序:干球、湿球温度表,最低温度表酒精柱,最高温度表,最低温度表游标。20 时观测后调整最高温度表和最低温度表,然后温度计读数,并作时间记号,14 时观测后换温度自记纸。

2. 各种温度表读数要准确到 0.1℃,温度在 0℃以下,应加"—"号。读数记入观测簿相应栏内,并进行器差订正。

3. 温度表读数时注意事项

(1)熟悉仪器的刻度

初次使用一支温度表,应先了解其最小刻度单位,以免读错。

(2)避免视差

视线应与水银柱顶端在同一平面内,否则读数将有误差。

(3)动作要迅速

读数力求敏捷,尽量缩短停留时间,并且勿使头、手和灯接近球部,不要对着温度表呼吸。

(4)复读

避免发生误读或颠倒零上、零下的差错。

五、检查与维护

温度计要保持清洁,对感应部分不要用手及其他物体去碰,当感应部分有灰尘时可用细毛笔及时刷掉,并经常注意自记记录是否清晰,有无中断现象,笔尖墨水是否足够,自记钟是否停摆等。

第四节　土壤温度的测定

一、实验目的

了解土壤温度的测定方法,掌握地温表的安装、温度计的使用、温度表的读数。

二、实验内容

地面温度是指直接与土壤表面接触的温度表所示的温度,观测内容包括地面温度、地面最高温度、地面最低温度、浅层地温和深层地温。

三、实验仪器及安装

气象台站长期连续观测地温,地面和浅层地温的观测地段设置在观测场内南面(偏西)的面积为 2 m×4 m 的裸地上,地表疏松、平整、无草并与观测场整个地面相平。深层地温的观测地段在观测场内东南方,地面有自然覆盖物(草皮或者浅草层),面积为 2 m×4 m。农业研究和生产需要较长时间地温也可以如上法设置观测地段。

1. 地面温度表

地面温度表一套为三支,分别是地面普通温度表(又称 0 cm 地温表)、地面最低温度表和地面最高温度表。地面温度表须水平安放在土壤表面,按地面、最低、最高的顺序自北向南平行排列,球部向东,并使其位于南北向的一条直线上,表间相隔约 5 cm,球部及表身一半埋入土中,一半露出地面(图 3.10),埋入土中部分的球部与土壤必须密贴,不可留有空隙,露出地面部分的球部和表身要保持干净。

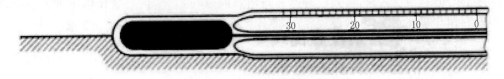

图 3.10　地面温度表安装示意图

2. 曲管地温表

曲管地温表一套为四支,分别测量 5 cm、10 cm、15 cm、20 cm 深度的浅层土壤温度。曲管地温表安装在地面最低温度表的西边约 20 cm 处,按 5 cm、10 cm、15 cm、20 cm 深度顺序由东向西排列,球部向北,表间相距约 10 cm,表身与地面成 45°夹角;各表身应沿东西向排齐,露出地面的表身用叉形木(竹)架支柱(图 3.11a)。

安装时,须按上述要求,先在地面划出安装位置,然后挖沟。在安装位置先挖一条长约40 cm 东西向的沟,沟呈三角形,自东向西逐渐加宽加深,西侧约 20 cm 宽(见图 3.11b),沟的南壁(OB,即表身露出地面的沟壁)为东西向,为一向北加深的倾斜坡面,与水平面成 45°左右的夹角(见图 3.11c);沟的北壁(OA)垂直向下,与沟的南沿成 30°左右的夹角(见图

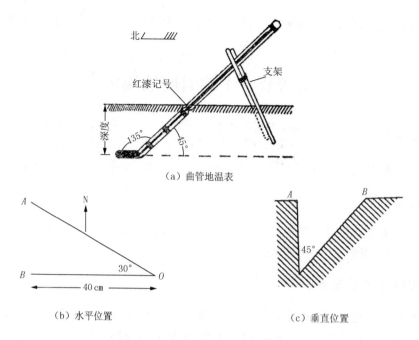

（a）曲管地温表

（b）水平位置   （c）垂直位置

图 3.11　曲管地温表的安装示意图

3.11b)；沟的西壁垂直向下，与沟的南壁垂直。然后用尺在沟的南壁（OB）量出各支地温表的水平位置，表间相隔约 10 cm，在沟的北壁量取各支地温表感应球部的安装深度，由东向西分别为 5 cm、10 cm、15 cm、20 cm，并在该深度处作一水平小洞穴。将沟坡与沟底的土层压紧，然后安放对应深度的曲管地温表，使球部嵌入北壁小洞，并检查深度是否准确，地温表的表身贴沟的南壁与水平面成 45°左右的夹角，表身示数部分下端的红色标记与地面平齐。最后小心地用土将沟填平，并适度培紧，使表身与土壤间不留空隙。

3. 直管地温表

应自东向西，由浅入深，排列成行。表间相隔约 50 cm。它的套管须垂直埋入土中，挖坑时，应尽量少破坏土层，套管埋放后，要使各表球部距离地面的深度符合要求。

四、观测和记录

定时观测按地面（0 cm）温度表，地面最低、最高温度表（观测并调整仅在 20 时进行），5 cm、10 cm、15 cm、20 cm 曲管和 40 cm 直管的顺序进行。

农业研究和生产中需临时了解浅层土壤温度，可用插入式地温表或直角地温表观测，但必须提前 5 min 以上将温度表插入所需深度，以便让球部与土壤有足够时间达到热平衡。各种地温表读数方法与普通温度表相同，观测时应注意以下几点：

1. 观测地面温度时，应站在踏板上俯视读数，不准把地温表取离地面。观测曲管地温表时，应特别注意视线与水银柱保持垂直。观测直管地温表时，应站在台架上把直管地温表很快取出读数。

2. 地温表示度超出刻度范围，可用外推法估计读数，记录外加括号"（）"。

3. 地面和曲管地温表被水淹时，可照常观测。三支地面温度表水平地取出水面迅速读数。

五、检查与维护

1. 裸地表土应保持疏松平整无草,雨后造成地表板结时,应及时将表土耙松。

2. 当气温较高时,为防止地面最低温度表失效与爆裂,应在早上温度上升后观测一次地面最低温度,记下读数,并将地面最低温度表收回,使其感应部分向下妥善立放于室内或荫蔽处。20时观测前再放回原处(游标必须经调整过)。若遇雷雨天气变化,应提前将表放回原处,以免漏测最低地温。

3. 在可能降雹之前,为防止损坏地面和曲管地温表,应罩上防雹网罩,雹停后立即取掉。

第五节　冻土的观测

冻土是指含有水分的土壤因温度下降到 0℃ 或以下时呈冻结状态。冻土深度以厘米(cm)为单位,取整数,小数四舍五入。冻土用冻土器观测。

一、冻土器

1. 仪器原理

根据埋入土中的冻土器内水结冰的部位和长度,来测定冻结层次及其上限和下限深度。

2. 结构

冻土器由外管和内管组成(见图 3.12)。外管为一标有 0 cm 刻度线的硬橡胶管;内管为一根有厘米刻度的橡皮管(管内有固定冰用的链子或铜丝、线绳),底端封闭,顶端与短金属管和木棒及铁盖相连。内管中灌注干净的水(河水、井水、自来水等)至刻度的 0 线处。

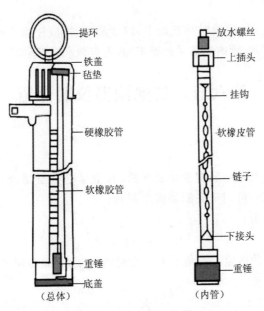

图 3.12　冻土器的构造

3. 安装

冻土器长度规格由 50 cm 到 350 cm 不等,使用时可根据当地最大冻土深度选用适当的规格。冻土器可安装在直管地温场中 320 cm 深层地温表的西边,或者需要观测冻土的地段。安装时,外管和内管的 0 线刻度要平齐,并与地表在同一水平面上,其他安装要求和方法均同直管地温表。

二、观测和记录

1. 当地面温度降到 0℃ 或以下,土壤开始冻结时,即应开始冻土观测,直至次年土壤完全解冻为止,在每日 08 时观测冻土一次。

2. 观测时,一手把冻土器的铁盖连同内管提起,用另一只手摸测内管冰柱(包括冻结得不够坚实的冰柱)所在位置,从管壁刻度线上读出冰上下两端的相应刻度数,即分别为此一冻结层的上、下限深度值,记入观测簿当天冻土深度栏。冻土深度不足 0.5 cm 时,上、下限均记"0"。冻土深度观测完毕即将内管重新插入,并盖好盖子。

3. 偶有两个或以上冻结层,应分别测定每个冻结层的上下深度,并按下至上的层次,顺序记入观测簿。如某次测到两个冻结层,上面一段冰柱在 0 cm 至 7 cm 间,下面一段冰柱在 20 cm 至 150 cm 间,在中间段未冻结。则第一栏记下面一段冰柱的测定值,上限深度记"20",下限深度记"150";第二栏记上面一段冰柱的测定值,上限深度记"0",下限深度记"7"。

4. 当冻结层的下限深度超过最大刻度范围时,应记录最大刻度数字,并在数字前加记大于符号,如 >×××。

观测操作力求迅速,尽量勿使内管弯折。遇结冰不够坚实或气温较高时尤须小心,尽量避免冰柱滑动或消融。

三、检查与维护

1. 当内管水量不足时,应及时补充加水,内管灌水时,应注意不能使水柱中余留气泡。
2. 注意内管是否漏水,管内的链子是否牢固,若有漏水或不牢固的地方,应及时修复。

第六节　其他测温仪器介绍

一、电阻温度表

电阻温度表是利用电阻随温度变化制作的,有金属电阻温度表和半导体电阻温度表两种,它的感应部分体积小,可用于遥测和多点测量。

电阻和温度的关系为:

$$R_t = R_0(1 + \alpha t) \tag{3.5}$$

式中:R_t 是温度 t ℃时的电阻,R_0 是温度 0℃时的电阻,α 是电阻的温度系数,不同金属的 α 值不同。上式可改写成:

$$t = \frac{R_t - R_0}{\alpha R_0} \tag{3.6}$$

从上式可知,对某一电阻温度表来说,R_0 和 α 均是常数,如能测得 R_t,则能求得当时的 t 值。

金属电阻温度表常用的金属丝有铂、镍和铜三种,阻值在几十欧到一百欧之间,其中铂电阻丝的稳定性好,可用它制作标准温度表。但由于铂价格昂贵,多以铜作为感应元件。

半导体(用来测温度的也成热敏电阻)的电阻 R 与绝对温度 T 有下列关系:

$$R = A \cdot e^{\frac{b}{T}} \quad \text{或} \quad \ln R = \ln A + \frac{b}{T} \tag{3.7}$$

式中: A、b 代表半导体种类的特性常数。

热敏电阻的温度系数 α 不是常数,而是按下式变化的:

$$\alpha = \frac{b}{T^2} \tag{3.8}$$

半导体温度表的感应元件由几种金属氧化物混合焙烧而成,可为棒状、球状或片状,其阻值可达几十千欧,电阻的温度系数大,仪器的灵敏度高于金属电阻温度表。

电阻温度表通过测定温度表的电阻来测量温度,电阻测量的精确度直接影响温度测量的精确度。目前采用桥式电路测量电阻可使结果相当精确,一般有平衡电桥和不平衡桥电桥两种,平衡电桥多用在精度要求高的电阻温度测量上。如 WS_4 型铜电阻温度表和遥测通风干湿表是采用平衡电桥测量温度,而 95A 半导体温度表的测量系统采用的是不平衡电桥。

二、温差电偶温度表

它利用温差电偶现象制成,温差电偶现象是指在两种不同导体所组成的封闭回路中,若导线连接处的温度不同就会产生电流的一种现象。

部分金属的温差电序如下:

Ni(镍)　Pi(铂)　Ag(银)　Au(金)　Cu(铜)　Fe(铁)

若将上边序列中任何两种金属组成温差电偶,则位次在前的金属将出现负电,后者带正电。

如图3.13所示,将A、B金属两端相连,在序列中A在前,构成封闭回路,两端温度 $t_1 > t_2$,则在"冷"接头处有电流由位次较后的金属流向位次较前的金属。

在大气温度变化范围内($t_1 - t_2 \sim 10^2$),温差电动势 E 与接点温度的关系可用下式表示:

$$E = \varepsilon(t_1 - t_2) \tag{3.9}$$

式中: ε 值等于两种金属接头处温度相差1℃时所产生的电动势。

因此,只要温差电偶两端有温差存在,在回路中就有电流产生,如接入精密的电计(微安表),就可由测得的电流强度求出温差,再将某一焊接点温度固定(t_2),就可得另一点的温度:

$$t_1 = t_2 + AI \tag{3.10}$$

式中: I 为电流强度, $A = R/\varepsilon$ 为线路总电阻与 ε 的比值,对于固定的电流计和温差电偶, A 为常数。

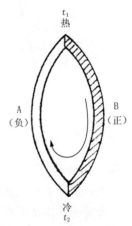

图3.13　温差电动势示意图

为增大温度表的灵敏度,常在回路中接入若干对串联的温差电偶,即温差电堆。

温差电偶温度表是以一焊接点放在恒温瓶内(0℃),另一焊接点作为测量物体温度用的感应部分,并将电流表改为温度刻度制成的。

温差电偶温度表由于构造简单,分度便利,广泛应用于梯度观测及空气、土壤和水温的测定,目前在日射仪器及小气候观测中已广泛应用。

三、红外测温仪

通过测定物体发出的红外辐射来测定物体表面温度的仪器,其优点是能在不破坏被测物体温度场的情况下,对物体进行遥感式非接触测量,广泛用于测量植物表面、牲畜表面和土壤、水体及其他物体表面的温度。

1. 测温原理

任何温度高于绝对零度的物体都向外发射红外辐射,其能量 E 大小与物体表面的绝对温度 T 的四次方成正比,只要测知 E 便可求出物体的表面温度 T。为了避免水汽和 CO_2 等的干扰,多选用 $8\sim14~\mu m$ 作为测量波段。

2. 结构和工作原理

我国研制的 HD 型低温用红外测温仪(如图 3.14 所示),目标发出的红外辐射被单晶锗滤光并聚焦,经过调制片时受到控制:受阻挡时,接收器接收的是调制片发射的相当于环境温度的红外辐射,不受阻挡时,才是目标物的红外辐射。因此,接收器所输的脉冲信号反映出目标物的温度和环境温度之差,经放大和检波后转变为直流电平 ΔV,ΔV 与两个温度的四次方之差成正比。环境温度敏感器所测温度经放大和四次方校正网络电路就变成电平 ΔP,与 ΔV 共同输入相加电路并经线性化网络处理后输出到电表或数字显示器,显示器所显示的就是被测物体的实际温度。

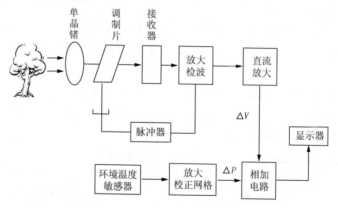

图 3.14 红外测温仪结构示意图

【实习思考题】

1. 液体温度表的测温原理是什么?

2. 比较普通温度表和最高、最低温度表的构造有何不同。

3. 最低温度表的游标哪一端读数表示最低温度? 其酒精柱的读数表示什么?

4. 气温观测时应注意些什么? 最高、最低温度表为什么要进行调整,如何调整?

5. 液体温度表常有哪些误差? 如何订正和缩小这些误差?

6. 温度计换纸的步骤和方法是什么?

7. 地温表的安置方法如何? 全套地温表的观测时间、次数和步骤是什么?

第四章 空气湿度和土壤湿度 的观测

【实验的目的和意义】

通过实习了解测量空气湿度常用仪器的构造原理和使用方法,掌握空气湿度的测定和查算方法。

【实验仪器】

干湿球温度表、通风干湿表、毛发湿度表、毛发湿度计。

【实验内容】

空气中的水汽含量虽少,但其变化很大,是形成云、雾和降水现象的重要因素。空气中湿度的大小与人类的生产、生活有着密切的关系。因此,空气湿度是重要的观测项目之一。土壤中的水分,是作物生长发育过程中不可缺少的因子,水分的多少,直接影响农作物的生长发育。因此,农田土壤湿度的测定对于农业生产具有重要意义。

空气的湿度(简称湿度)是表示空气中的水汽含量和潮湿程度的物理量,地面气象观测中测定的是离地面 1.5 m 高处的湿度,主要有以下几种湿度量:

水汽压(e)——水汽部分的压强,单位以百帕(hPa)表示,取一位小数。

相对湿度(r)——空气中实际水汽压与当时气温下的饱和水汽压之比,以百分数(%)表示,取整数。

$$r = \frac{e}{E} \times 100\% \tag{4.1}$$

式中:E 为当时气温下的饱和水汽压。

饱和差(d)——空气中实际水汽压与同温度下饱和水汽压的差值,单位是百帕(hPa)。

$$d = E - e \tag{4.2}$$

露点温度(t_d)——空气在水汽含量和水汽压不变的条件下冷却达到饱和时的温度,单位用℃表示。

常用测湿仪器是干湿球温度表和毛发湿度表(计)。

第一节 干湿球温度表

一、构造

干湿球温度表(图 4.1)(简称干湿表)是由两支型号完全一样的温度表组成,一支测量空气温度,称为干球温度表,另一支感应球部包扎着脱脂纱布,如图 4.1 所示,纱布用蒸馏水浸湿,并保持湿润状态,称为湿球温度表。

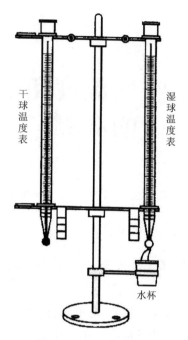

图 4.1　干湿球温度表

二、测湿原理

当空气中的水汽含量未达饱和时,湿球纱布表面的水分不断蒸发,消耗热量而降温。根据道尔顿蒸发定律,单位时间单位面积湿球纱布上蒸发出来的水分质量为

$$M = K \cdot \frac{E' - e}{P}$$

消耗热量为

$$Q = \frac{LK(E' - e)}{P}$$

式中:E' 为湿球温度下的饱和水汽压,e 为当时空气的水汽压,P 为当时的气压,K 为空气与湿球之间的水汽质量交换系数,L 为水的蒸发潜热。

同时,由于湿球温度低于周围气温,不断地从周围空气获得热量,单位时间单位面积吸收的热量为

$$Q' = h(t - t')$$

式中:t 为干球温度,t' 为湿球温度,h 为热交换系数。

当湿球温度示度稳定时,湿球蒸发消耗的热量和湿球自周围空气吸收的热量相等,便有 $Q = Q'$

即 $\dfrac{L \cdot K \cdot (E' - e)}{P} = h \cdot (t - t')$

得 $e = E' - \dfrac{h}{K \cdot L} P \cdot (t - t')$

令 $A = \dfrac{h}{K \cdot L}$

则 $e = E' - AP(t - t')$ $\hspace{4cm}$ (4.3)

上式称为干湿表测湿公式,式中 A 为干湿表系数,它是湿球直径和通风速度的函数,实际中使用的干湿表的测湿系数见表4.1。

表 4.1　干湿表的测湿系数 A 的取值($℃^{-1}$)

干湿表型号	湿球未结冰	湿球结冰
百叶箱干湿表(球状感应部,自然通风 0.8 m/s)	0.0007947	0.0007947
百叶箱干湿表(球状感应部,自然通风 0.4 m/s)	0.000857	0.000756
百叶箱干湿表(柱状感应部,自然通风 0.4 m/s)	0.000815	0.000719
通风干湿表(机械通风 2.5 m/s)	0.000662	0.000584
百叶箱遥测通风干湿球传感器(电动通风 3.5 m/s)	0.000667	0.000588

我们将干球和湿球的差值称为干湿差。空气湿度越小,湿球纱布水分蒸发越快,消耗的热量越多,干湿差越大;反之,干湿差就越小。因此,根据干湿球温度表的示数,通过计算或查表,可以得到各种空气湿度参量值。

三、种类

1. 百叶箱干湿表(自然通风)

把干湿球温度表安放在百叶箱中,称为百叶箱干湿表,如图3.9所示,它的球部可自然通风。

为了准确地测定空气湿度,必须使湿球温度示度正确,关键在于湿球表面有良好的蒸发,为此要注意以下几点:

(1)湿球纱布

应选择吸水性良好的纱布,并正确包扎,纱布长约 10 cm,用纱线把球部上下的纱布扎紧,但不宜过紧。包扎好的湿球纱布如图4.2A所示,自湿球纱布开始冻结起,应把水杯拿走,以防冻裂,湿球上的纱布应在球部下 2~3 mm 处剪断,如图4.2B所示。

湿球纱布应保持清洁、柔软和湿润,一般每周换纱布一次,遇有沙尘暴等现象,遇布上明显沾有灰尘时,应立即更换。

(2)湿球用水

用纯净的蒸馏水。湿球的水杯内,应经常添满蒸馏水并盖好,保持洁净。

(3)溶冰观测

湿球纱布结冰,不能用水杯供水。每次观测前均须湿润湿球纱布,称作溶冰。溶冰的目的是使纱布能有足够的水分,使湿球表面有良好的蒸发,以获得正确的湿球示度。

溶冰方法:将湿球球部浸入水杯中,水温不可过高,能将湿球冰层溶化即可,使纱布充分浸透,冰层完全溶化,若湿球示度很快上升到 0℃,稍停一会再上升,表示冰已全部溶化,则可把水杯移开。

溶冰时间应视当时天气条件而定。当风速、湿度中等时,观测前 30 min 左右溶冰;湿度小而风速过大时,可推后 10 min 进行;湿度大而风速小时,需提前 20 min 进行。

(4)观测和记录

湿球观测记录方法同干球一样,但当进行溶冰观测时,在读数前应先判断湿球示度是否稳定,要稳定不变才能读数。读数后,用铅笔侧棱试试纱布软硬,以确定湿球纱布是否冻结。如纱布硬了,表明已冻结,应在湿球读数右上角加记"B"字;若湿球示度不稳定,表明溶冰不恰当,湿球温度不能读数,湿度改用毛发湿度表或湿度计测定。

A
温度0℃以上

B
湿球结冰

图 4.2　湿球纱布包扎的形状图

2. 通风干湿表

通风干湿表携带方便,精确度较高,是一种野外测定空气温、湿度的良好仪器。

(1)构造原理

构造如图 4.3 所示,新型通风干湿表是对传统通风干湿表做了进一步改进,其测湿比传统通风干湿表更为准确。新型通风干湿表的型号较多,本书以 DHM2A 型为例进行介绍。不论是那种通风干湿表,其原理与百叶箱干湿表基本相同,不同之处是,通风干湿表球部装在与风扇相通的管形套管中,风扇转动产生离心力把近旁空气排出,使通风器和通风管内的空气变得稀薄,外面的空气从温度表球部经护管中心管流入填充,使球部处于 2.5 m/s 的恒定速度气流中。

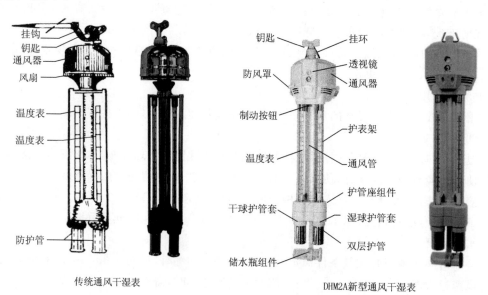

挂钩
钥匙
通风器
风扇
温度表
温度表
防护管

钥匙　挂环
防风罩　透视镜
通风器
制动按钮
护表架
温度表　通风管
护管座组件
干球护管套　湿球护管套
双层护管
储水瓶组件

传统通风干湿表　　　　　　DHM2A新型通风干湿表

图 4.3　通风干湿表

（2）使用方法

目前传统通风干湿表和新型通风干湿表都在广泛使用，但是新型的通风干湿表测湿数据准确性更高。因此，在这里我们对传统通风干湿表的使用方法只进行简要介绍，而着重介绍新型通风干湿表（DHM2A 型）的使用方法。

• 传统通风干湿表

①观测前（夏季 15 min 前，冬季 30 min 前），按需要高度把仪器悬挂好，一般情况垂直悬吊，但高度低于 0.5 m 时，应横卧使用，以免因通风而吸入地面的尘土。

②读数前 4 min 用滴管湿润湿球，并上好风扇发条。上发条切忌过紧，应剩下一转。新型的通风干湿表，在湿球下端加装有水杯，使用时只需在水杯中注入蒸馏水即可。

③观测时应注意不要让风把观测者自身热量带到通风管中去。读数方法同液体普通温度表。

④风速大于 4 m/s 时，应将防风罩套在风扇迎风面的缝隙上。

• 新型通风干湿表（DHM2A 型）

①悬挂仪器。观测前（夏季 15 min 前，冬季 30 min 前），按需要高度把仪器悬挂好，一般情况垂直悬吊。悬挂仪器的地方应保证仪器周围的障碍物与仪器的距离在 0.5 m 以上，操作者也应远离 0.5 m 以上，快要读数时再接近。

②安装湿球布。旋下湿球护管套（蓝色）的双层护管，将湿球布套在温度表头部推紧；将湿球布尾部穿入双层护管中心孔，旋紧双层护管，再将湿布球尾端插入储水瓶孔内。用注水瓶将蒸馏水注入储水瓶 4/5 处，待湿球布吸水至表头根部，即可测量。

③观测时，先关闭制动器（红色制动按钮），用钥匙旋紧通风器发条，再开启制动器，待通风器转动 4 min 以后进行温度表读数，读数方法同前。观测者应站在仪器的下风方读数，读数时要迅速而准确。

④对干湿球的读数进行器差订正，根据订正后的干球温度和湿球温度用《湿度查算表》进行查算得到各个湿度量；也可以根据仪器自带的电子查算器计算可得空气的相对湿度值，具体查算方法可参考仪器说明书。

⑤注意事项：在野外使用时如果风速大于 3 m/s 时，应将防风罩装在仪器的迎风面上，以防止大风对通风速度的不良影响；经常检查湿球温度表上的湿球布状况，如发生污染、变色或上水不畅，请即刻更换。

3. 遥测通风干湿球传感器

（1）构造原理

遥测通风干湿球传感器中的干球和湿球感应元件是性能相同的两支铂电阻。该传感器的结构如图 4.4 所示。传感器上部装有储水箱，可自动上水；电阻温度表水平安装，与气流方向垂直，有利于热交换。湿球温度表的感应部分套有纱布套，并从纱布套的两端湿润，这样可使湿球的润湿更加均匀，与气流的接触面也增大，通风器定时通风，通风速度大于 3.5 m/s。

（2）安装与维护

遥测通风干湿球传感器安装在百叶箱内，干球的中心线离地面 1.5 m。每天要定时巡视一次贮水箱的水位，当水位影响到湿润湿球纱布时，要及时加水。每周要给湿球换纱布。在污染较重的地方，要缩短更换纱布的期限。每天要定时检查一次通风电机，看它是否能定时启动。

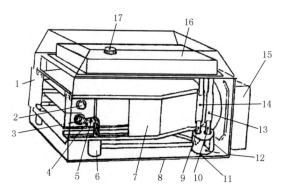

1.外通道活动板　2.干球铂电阻　3.湿球铂电阻　4.内通道　5.湿球纱布套
6.小水杯　7.外通道　8.外壳　9.气管　10.水管　11.放水嘴　12.下水槽
13.水管上胶管　14.气管上胶管　15.电机　16.储水槽　17.上水口盖

图4.4　通风干湿球传感器结构图

当温度接近0℃时,该传感器停用,要将水箱的水放干净,以免冻裂水箱。

第二节　湿度的查算方法

用干湿球温度表测定空气湿度时,可按(4.1)式、(4.2)式或(4.3)式计算,但计算繁杂易错,故设计湿度查算表。根据所观测的干、湿球温度查表求得各湿度值。

从百叶箱干湿表或通风干湿表读取干球温度和湿球温度后,可以由《湿度查算表》查出水汽压、相对湿度和露点温度。在农业上相对湿度最为常用,可以由《空气相对湿度查算表》用湿球温度和干湿差查算出空气的相对湿度。由于百叶箱干湿表和通风干湿表的通风速度不同,因此,所对应的查算表也不同。百叶箱干湿表使用《空气相对湿度查算表(利用干湿球温度表)》(附录5),通风干湿表使用《空气相对湿度查算表(利用通风干湿表)》(附录6)。

1.《湿度查算表》的查算方法(甲种本)

(1)湿度查算表的组成

1980年由中央气象局编制的《湿度查算表》(气象出版社,1980年12月)主要由表1湿球结冰部分、表2湿球未结冰部分及表3湿球温度订正值组成。此外,还有当气温低于 $-20℃$ 时,以干球温度 t 和经订正后的毛发湿度表数值 U 反查水汽压 e 和露点温度的 t_d 表4,以及气压较低、湿度较小时查算订正参数 n 值的附加表—表5。

本表的附表1是饱和水汽压表。它除了用于饱和水汽压值的查取外,还可以由露点温度 t_d 从表中查取水汽压 e,或以水汽压 e 反查露点温度 t_d。

附表2~附表5是不同型号干湿表的湿球温度订正值。它们是分别以各种仪器相应的干湿表系数 (A_i),在一定的气压范围内编制的。不同干湿表经过各自的湿球温度订正值的订正后,就可以从表1或者表2查取空气湿度。

(2)查算方法

①查表时,根据湿球结冰与否,决定使用表1(湿球结冰)或者表2(湿球未结冰)。

表1和表2每栏居中的数值为干球温度值 (t), n 为订正参数,其他为湿球温度值 (t_w)、水汽压 (e)、相对湿度 (U)、露点温度 (t_d)。

②当本站气压 $P=1000$ hPa(个位数四舍五入)时,用百叶箱干湿表观测到的干湿球温度,可直接在表 1 或者表 2 找到相应的干、湿球温度值,即可查出 e、U、t_d 值。

【例 4.1】 用百叶箱干湿表测得 $t=17.6℃$,$t_w=13.2℃$,且已知当时气压 $P=996.2$ hPa,求 e、U 和 t_d。

在表 2 湿球未结冰部分(湿度查算表 96 页)干球温度 $t=17.6℃$ 栏下与 $t_w=13.2℃$ 对应的 $e=12.2$ hPa,$U=61\%$,$T_d=9.9℃$ 即是。

③当本站气压 $P\neq1000$ hPa,则必须对湿球温度进行订正,然后查取空气湿度,其查算步骤如下:

(ⅰ)查 n 值

在表 1 或表 2 干球湿度 t 栏中找出与 t_w 并列的 n 值。

当空气湿度较小,气压又较低时,若在表 1(或表 2)中干球温度 t 栏下边找不到 t_w 与 n 值,则用 t 和 t_w 先从表 5(n 值附加值表)的湿球结冰部分或未结冰部分查得 n 值。

(ⅱ)查湿球温度订正值 Δt_w

由 n 值和当时的本站气压 P(个位数四舍五入)查附表(附表 2~附表 5)中相应型号干湿表的湿球温度订正值 Δt_w。

在查附表 5(0.8 m/s 自然通风的球状干湿表湿球温度订正值)时需注意:

当湿球未结冰时,应在气压值的左部查取 Δt_w。

(ⅲ)求订正后的湿球温度 t'_w

$$t'_w=t_w+\Delta t_w$$

(ⅳ)查取 e、U 和 t_d

返回表 1(或表 2),干球温度 t 及订正后的湿球温度所对应的 e、U 和 t_d 即为所求值。

【例 4.2】 用百叶箱干湿表(球状干湿表 自然通风速度 0.8 m/s),测得 $t=8.6℃$,$t_w=5.2℃$ 且已知当时气压 $P=1000.9$ hPa,求 e、U 和 t_d。

(ⅰ)查表 2 湿球未结冰部分(湿度查算表 69 页),由 $t=8.6℃$,$t_w=5.2℃$ 查得 $n=9$。

(ⅱ)查附表 5(湿度查算表 330 页)气压值左部的湿球未结冰部分,由 $P=1000.9$hPa 和 $n=14$ 查得 $\Delta t_w=-0.3℃$

(ⅲ)计算 t'_w,$t'_w=5.2-0.3=4.9℃$

(ⅳ)返回表 2(湿度查算表 68 页),由 $t=-1.9℃$,$t'_w=-6.0℃$ 得 $e=6.2$ hPa,$U=55\%$,$t_d=0.2℃$。

【例 4.3】 用通风干湿表测得 $t=20.5℃$,$t_w=14.8℃$,且已知当时气压 $P=1043.0$ hPa,求 e、U 和 t_d。

(ⅰ)查表 2 湿球结冰部分(湿度查算表 108 页),由 $t=20.5℃$,$t_w=14.8℃$,查得 $n=11$。

(ⅱ)查附表 2 通风干湿表部分(湿度查算表 320 页),由 $P=1040$ hPa 与 $n=11$ 得 $\Delta t_w=-0.1℃$。

(ⅲ)计算 t'_w,$t'_w=14.8-0.1=14.7℃$

(ⅳ)返回表 2(湿度查算表 108 页),由 $t=20.5℃$,$t_w=14.7℃$,得 $e=12.8$ hPa,$U=53\%$,$t_d=10.7℃$。

④其他情况由于篇幅所限,详见《湿度查算表(甲种本)》。

2.《空气相对湿度查算表》的查算方法

相比之前的查算方法,《空气相对湿度查算表》优势在于其查算方法更为简洁而且便于携带,特别在野外观测中常用,缺点在于只能查算相对湿度这一个变量。本书就以通风干湿表为例,说明其查算方法。

【例 4.4】 通风干湿表的干球温度为 15.7℃,湿球温度为 14.1℃,利用《空气相对湿度查算表(利用通风干湿表)》(见附录6)查算空气相对湿度。

干湿差 $\Delta t' = t - t' = 15.7 - 14.1 = 1.6℃$

查算表中湿球温度:t' 没有 14.1℃,采用靠近法,因 14.1 靠近 14.0,故查 $t' = 14.0℃$

查算表中干湿差 $\Delta t'$ 没有 1.6℃,采用内插法,因 1.6℃处在 1.5~2.0℃之间,故首先查 1.5℃和 2.0℃。

$t' = 14.0℃,\Delta t' = 1.5℃$ 时,$r = 85\%$

$\Delta t' = 2.0℃$ 时,$r = 80\%$

$\Delta t'$ 相差 $2.0 - 1.5 = 0.5℃$ 时,r 相差 5%

$\Delta t'$ 相差 $1.6 - 1.5 = 0.1℃$ 时,r 相差 $5\% \div 5 = 1\%$

$t' = 14.0℃,\Delta t' = 1.5℃$ 时,$r = 85\% - 1\% \times 1 = 84\%$

因此,通风干湿表干球温度15.7℃,湿球温度14.1℃时,相对湿度为84%。

第三节　毛发湿度表和湿度计

它是根据脱脂毛发随空气湿度变化而改变其长度的特性而制作的,能够直接测量空气的相对湿度。

一、毛发湿度表

1. 构造原理

毛发表由毛发、指针、刻度盘等组成(图 4.5)。毛发是感应部分,当相对湿度变化时,毛发长度也随之伸缩,通过传动机构,使指针在刻度盘上指示出相对湿度。由于毛发随湿度增大而伸长是非线性的,所以刻度间隔疏密是不同的。

2. 使用方法

(1)当气温低于 -10.0℃时,用干湿球温度表测定空气湿度误差太大,湿度可以改用毛发表观测。毛发表应于气温可能降到 -10.0℃的前一个半月进行安装,并在每天定时观测时和干湿球温度表进行对比观测,取够 100 个以上的数据后,在坐标纸上点绘毛发表订正图(纵轴为干湿球温度表所测相对湿度,横轴为毛发表读数)。

(2)毛发表应垂直地悬挂在温度表支架的横梁上,表的上部用螺丝固定。

(3)观测时视线要通过指针并与刻度盘垂直,读出指

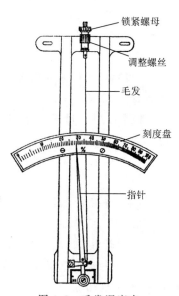

图 4.5　毛发湿度表

针所在刻度线,取整数记入观测簿相应栏。如果读数时发现指针超出刻度范围,应当用外延法读数,按 90 到 100 的刻度尺距离外延到 110,估计读数并外加"()"记入观测薄相应栏。

(4)毛发表的读数须用订正图加以订正,并结合干球温度在湿度查算表中反查出水汽压 e 和露点温度 t_d。

二、毛发湿度计

毛发湿度计(简称湿度计)是自动记录相对湿度连续变化的仪器。

1. 构造原理

它的构造如图 4.6 所示,分感应、传递放大、自记三大部分。

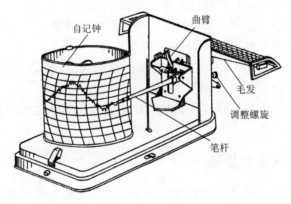

图 4.6　湿度计

(1)感应部分

是一束脱脂的毛发,发束的两端固定在毛发支架上。

(2)传递放大部分

采用两次放大的杠杆即双曲臂装置,第一级放大杠杆是第一水平轴上的小钩和带有平衡锤的上曲臂组成;第二级放大杠杆是由第二水平轴上的下曲臂和笔杆组成。毛发束的中央被小钩钩住,平衡锤使毛发束总是处于微微拉紧状态,上下曲臂杠杆分别借平衡锤与笔杆的重量得以经常保持接触。当相对湿度增大时,发束伸长,平衡锤下降,迫使笔杆抬起,笔尖上移;当相对湿度减小时,发束缩短,平衡锤抬起,笔杆由于本身重力作用而往下落,笔尖因此下降。

(3)自记部分

与温度计相同,只是自记纸上纵坐标为相对湿度,每 1 小格表示 1%。

2. 使用方法

(1)湿度计应稳固地安置在大百叶箱中上面的架子上,底座保持水平。

(2)湿度计读数精确到 1%,不要小数。

(3)其他使用方法同温度计和毛发湿度表的有关部分。

第四节　土壤湿度观测

土壤含水量是影响农作物收成和水土保持的重要因素之一。土壤湿度的测定对于制定灌溉进程、水与溶质流的评价、净太阳辐射潜热与显热的划分、水文大气模式的参数设定等方面都是很重要的,在农业、水文以及大气科学中都得到广泛的关注。

目前测量土壤湿度的方法主要有称重法、电阻法、负压计法、中子法和遥感法。

(1)称重法。取土样烘干,称量其干土重和含水重加以计算。

(2)电阻法。使用电阻式土壤湿度测定仪测定。根据土壤溶液的电导性与土壤水分含量的关系测定土壤湿度。

(3)负压计法。使用负压计测定。当未饱和土壤吸水力与器内的负压力平衡时,压力表所示的负压力即为土壤吸水力,再据以求算土壤含水量。

(4)中子法。使用中子探测器加以测定。中子源放出的快中子在土壤中的慢化能力与土壤含水量有关,借助事先标定,便可求出土壤含水量。

(5)遥感法。通过对低空或卫星红外遥感图像的判读,确定较大范围内地表的土壤湿度。

其中,称重法由于其简单易行而且是直接测量被广泛应用,也被用作其他方法的参照标准,以下主要介绍此种方法。

一、测量时间和深度的选取

土壤湿度的测定,可以结合农业生产需要,决定测定的时间和深度。例如每年的春季可以选择高、中、洼不同的地势测定土壤耕作层的湿度,以便随时掌握土壤耕作层的湿度大小,来决定是否可以适时早播;秋季封冻前测出耕作层土壤湿度可以掌握底墒,为来年适时早播打下基础。根据一般作物生长需要,可以测定 5 cm、10 cm、15 cm、20 cm 深度处的土壤湿度,各深度取三个土样取平均值。

二、使用仪器

测定土壤湿度时,一般使用的仪器和用具有:田间工作用的取土钻、盛土铝盒、取表土的小圆筒等,室内工作用带砝码的托盘式天平(载重 100 g,感应 0.1 g),烘箱、高温表等。

三、测量步骤与注意事项

测定土壤湿度时,分取土、称重、烘干、计算(或查表)四个步骤,需注意以下事项:

(1)取土前如有降水,但取土时地面无积水,应照常取土。

(2)如取土时有降水或正在灌溉,取土可延后一天进行。

(3)选择能够代表当地土壤性质的田间垄台上,每天上午 08—09 时进行取土,取土地点应在前次测点 1~1.5 m 以外,取土时上钻保持垂直。

(4)烘土温度应稳定在 100~105℃之间,一般要烘 7 个小时以上(但土质不同可随之增减)。

(5)称量土样时一定要复称。

计算土壤湿度百分率时先分别算出含水量（盒湿土重减去烘干后盒干土重）与干土重（烘干后盒干土重减去盒重），再按下列公式（或查百分比查对表）计算出土壤湿度百分率。取一位小数，第二位四舍五入。

$$土壤湿度百分率 = \frac{含水量}{干土重} \times 100\%$$

第五节　其他空气测湿方法介绍

气象上用于测量湿度的方法，主要有以下 5 种：

1. 干湿表法

主要用于气象人工观测工作，也常用作仪器校准。我们前面介绍的百叶箱干湿表以及通风干湿表就属于此类观测仪器。

2. 吸收法

利用吸湿性物质吸湿后的尺度或者电性能变化来测相对湿度，主要用于自动测量上。常用吸湿性物质有毛发、肠膜元件、氯化锂、氧化铝等。前面介绍的毛发湿度计（表），在本节中所介绍的电学湿度表均属于此类仪器。

3. 凝结法

测量凝结面降温产生凝结时的温度，即露点温度。测定露点温度就可以查算出当时的水汽压和相对湿度。此方法可用于气象观测或工作标准。本节中介绍的露点仪就属于此类仪器。

4. 电磁辐射吸收法

利用水汽对电磁辐射的吸收来测量湿度。本节中介绍的红外测湿属于此类。

5. 称重法

直接对样品的水汽含量进行绝对测量，前面介绍的土壤湿度的测量就属于此类方法。此方法准确度高，而对于空气样品而言，用混合比表示空气的湿度，而且该方法操作复杂、需要时间长，一般只在实验室用来对参考标准器提供绝对校准。

下面介绍其他几种常见的测湿方法及仪器。

一、电学湿度表

它是利用某些吸湿性物质表现出能响应环境相对湿度的变化而改变电特性，且与温度只有很小的依赖关系的原理来测定空气湿度，常用的电学湿度表有电阻式和电容式两种。电学湿度表在遥测应用中，特别是在需要直接显示相对湿度的场合使用日益增多。

1. 电阻式湿度表

某些材料的电阻值随湿度的变化而变化。常用的湿敏电阻有碳膜湿敏电阻、氯化锂湿敏电阻、高分子电解质（聚苯乙烯磺酸锂）湿敏电阻和陶瓷湿敏电阻。此类湿度表的感湿部位只限于表面薄层，以吸附过程占主导地位，因而，此类传感器可以快速响应环境湿度的变化。

下面简单介绍氯化锂湿度测定仪。它是在基片上涂上一层氯化锂酒精溶液，当空气湿度变化，相对湿度大时，吸收水分多，电阻小；相对湿度小时吸收水分少，电阻大，因此测定氯化锂的电阻,便可得出空气的相对湿度。图 4.7 为 SL-2 型氯化锂湿度测定仪。它在一有机玻璃支架上绕有两根相互平行的金属丝,组成一对电极,将饱和氯化锂溶液均匀涂在平行螺旋电极上,待干燥后形成一层氯化锂薄膜为吸湿剂,即构成测湿元件。氯化锂吸收空气中的水汽后,使两极间的电阻减小,吸收越多,电阻越小。通过平衡电桥测定两极之间的电阻,即可换算出空气的相对湿度。

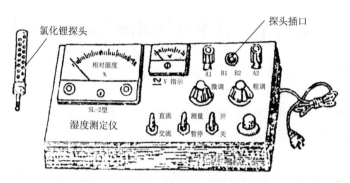

图 4.7　SL-2 型氯化锂湿度测定仪

2. 电容湿度表

其主要元件是湿敏电容。湿敏电容是具有感湿特性的电介质,其介电常数随相对湿度的变化而变化。常用的湿敏电容是用有机高分子膜作介质的小型电容器,如图 4.8 所示,上电极是一层多孔金膜,能透过水汽,下电极为一对刀状或梳状电极,基板是玻璃,整个传感器由两个小电容器串联组成。将湿敏电容传感器置于空气中。当空气中水汽透过上电极进入介电层,介电层吸收水汽后,介电系数发生变化,因而电容器电容量发生变化,该变化与相对湿度成正比。

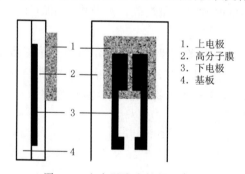

1. 上电极
2. 高分子膜
3. 下电极
4. 基板

图 4.8　电容湿度表结构示意图

电学湿度表的精度较干湿表低,主要用于相对湿度的远距离测量(如无线电探空仪和遥测设备等),也用于自动气象站。其感应元件容易污损,稳定性较差,需要经常校准。

二、露点测湿

它通过测定露点温度来求算空气湿度,这种方法测定范围大,特别在低温、低湿条件下比其他测湿仪器有较高的准确度。

仪器(见图 4.9)主要部分为金属仪器及抛光镜面,温度表插在容器中央,压气橡皮球通过支管与容器相连。

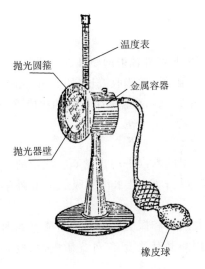

图 4.9　露点仪

测定时,在容器中放入乙醚,用橡皮球将空气压入,空气由于乙醚强烈蒸发而冷却,在经过容器背面的出气管排出,这时镜面就开始冷却。当镜面温度冷却到露点温度时,与镜面接触的空气中的水汽就在镜面上凝结(凝华)成露(霜)。这时读的温度即为露点温度。若用人眼来看凝结,开始的时刻,往往有落后现象。为了提高露点测温法准确度和减小主观性,常采用黑视野法和光电管方法进行观测。

黑视野法是使用显微镜观测,利用反射率高的露珠或辐射能力强的冰面对照显微镜的黑视野是否清楚可见来判断凝结现象出现和消失的时刻。

光电管方法是利用光电流达到一定强度来判断凝结镜面的状态,从而可较客观地确定凝结面结露点时刻。

露点仪的原理简单,但需要光洁度很高的镜面,精度很高的控温系统,以及灵敏度很高的露滴(或冰晶)的光学探测系统。使用时必须使吸入样本的空气管道保持清洁,否则管道内的杂质将吸收或放出水分,造成测量误差。

现在新式的露点测湿仪器原理同露点仪,仪器的主要结构包括测湿传感器、光学检测器、温度控制系统和温度显示系统,如图 4.10 所示。其中测湿传感器最广泛采用的系统是一个很小的磨光金属反射面,此镜面的温度可以用制冷装置进行调节,镜面下面埋有测温传感器。镜面必须具有高的导热性、高的光学反射能力和高的防锈能力以及很低的水汽渗透率。

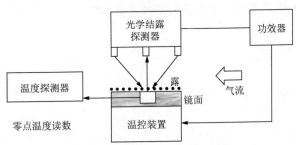

图 4.10　新式露点测湿仪结构示意图

三、红外测湿

这是利用水汽能吸收一定波长红外辐射的原理进行测湿的方法。它使用两个狭窄的红外辐射带工作,一个辐射带是水汽很敏感的吸收波长(如 2.60 μm),另一个辐射带则是水汽几乎完全不吸收的波长(如 2.45 μm)。这两个辐射带能量的比值符合比尔定律(Beer's Law):

$$\frac{E}{E_0} = e^{-KCL}$$

故可求得被测空间内空气中的水汽平均含量 C。式中的 L 是被测空间的长度;K 是水汽的吸收系数,可用实验方法求得;E_0 是水汽不吸收的红外辐射能量;E 是被水汽吸收后的红外辐射能量。

仪器由间隔一定距离的发射器和探测器两部分组成。如图 4.11 所示,发射器部分包括红外光源、透镜和滤光装置;探测器有透镜、红外光敏电池、放大和显示记录等几个部分。

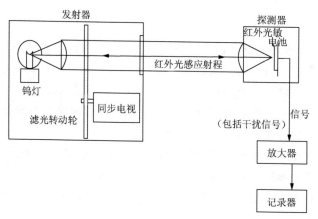

图 4.11　红外湿度计结构示意图

【实习思考题】

1. 空气湿度和土壤湿度的观测在生产实践中有何重要意义?
2. 简述干湿球温度表的测湿原理。
3. 影响湿球准确度的主要因素有哪些?在实际工作中如何避免?
4. 野外测定空气湿度时常用的仪器是什么?它有何特点?
5. 百叶箱干湿表测湿和通风干湿表测湿哪个更好?为什么?
6. 毛发湿度表为何能感应相对湿度的变化?
7. 称重法测量土壤湿度的步骤和注意事项是什么?

第五章 降水和蒸发的观测

【实验的目的和意义】
了解降水、蒸发仪器的观测原理,掌握其观测方法。

【实验仪器】
雨量器、翻斗式遥测雨量计、虹吸式雨量计、小型蒸发皿、E-601型蒸发器。

【实验内容】
本章主要介绍降水、蒸发的常规观测仪器及方法,同时简要介绍蒸散的观测。

第一节 降水的观测

降水的观测包括降水量观测和降水强度观测,观测时还要记录降水的起止时间和种类,此外还有雪深和雪压的观测。降水量是指从天空降落到地面上的液态或固态(经融化后)降水,未经蒸发、渗透、流失而在水平面上积聚的深度。降水量以毫米(mm)为单位,取一位小数。降水强度是指单位时间内的降水量,通常测定 5 min、10 min、1 h 的最大降水量。

雪深是指从积雪表面到地面的垂直深度,以厘米(cm)为单位,取整数。雪压是指单位面积上积雪的重量,以克/厘米^2(g/cm^2)为单位,取一位小数。

测定降水量的仪器有雨量器、翻斗式遥测雨量计、虹吸式雨量计、雨量传感器等。此外还有测量雪深的量雪尺和测量雪压的体积量雪器、称雪器。以下主要介绍在常规地面气象观测及其他降水观测中广泛使用的雨量器、翻斗式遥测雨量计和虹吸式雨量计的构造原理及使用方法。

一、雨量器

雨量器是测量某一段时间内液体和固体降水量的仪器。

1. 构造和原理

它由承水器(漏斗)、储水筒和储水瓶组成(图 5.1),并配有专用的量杯,称作雨量杯,承水器的直径为 20 cm(口面积 314 cm^2),器口维持正圆形,口缘呈内直外斜的刀刃状,以防器口变形及雨水溅入。承水器有两种,一种是带有圆形漏斗的用来承接液态降水的承雨器,另一种是不带漏斗的用来承接固态降水的承雪器。储水瓶放置在储水筒内,与承雨器配合,用以收集液态降水,储水筒可直接与承雪器配合,用以收集固态降水。

雨量杯是一个特别的玻璃杯,杯上的每小格刻度代表 0.1 mm,刻度范围为 0~10.5 mm。

雨量杯上的刻度是与雨量器的口面积成比例设计的。

设雨量器的口面积为 S,筒内水深为 H,则筒内水的体积为

$$V = H \cdot S$$

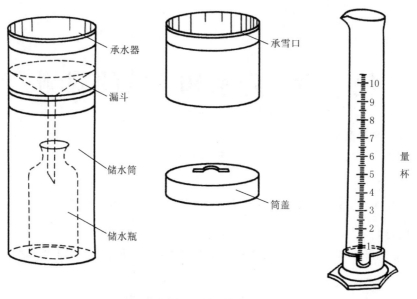

标注：承水器、漏斗、储水筒、储水瓶、承雪口、筒盖、量杯

图 5.1　雨量器

若把这些水倒入雨量杯内,又设雨量杯截面积为 q,水深为 h,根据体积相等原则

$$H \cdot S = q \cdot h$$

则　　$h = \dfrac{S}{q} \cdot H$

因此,雨量筒内深度为 1 mm 的水量倒入量杯后,杯内水深应为 $\dfrac{S}{q}$ mm,这就是量杯上每单位刻度(mm)的长度。由此可见,一定口径的量杯只适用于测定对应口径雨量器的降水量。如专用量杯被打破,需用其他量杯代替时,必须进行换算。

2. 使用

(1)安装

雨量器应安装在开阔的空地上,不受周围障碍物的影响,器口保持水平,距地面高度 70 cm,并经常保持清洁。

冬季降雪时,须将漏斗从承水器内拧下(或换为承雪口),取出储水瓶,直接用储水筒容纳降水。冬季积雪较深的地区,应备一个较高的架子,雨量器放置在上面时,器口距地面的高度为 100~120 cm,当积雪深度超过 30 cm 时,应将雨量器放置在这个架子上进行观测。

(2)观测和记录

在有降水的日子里,每天 08 时、20 时观测前 12 h 降水量。观测时,将雨水倒入量杯内,用食指和拇指夹住量杯上端,使其自由下垂,视线与水面平齐,水凹面最低处所指示的刻度数即为降水量,读数准确到 0.1 mm(刻度不到半小格记"0.0",过半小格记"0.1")。降水量大时,可分数次量取,求其总和。

观测固体降水时,把承接固体降水物的储水筒取回,并换上新的储水筒。量固体降水可加一定量的温水促使其融化,再用量杯量取,但量得的数值须扣除加入的温水水量。也以直接用专用的台秤进行称量,从而直接得到固态降水转化成液态降水后的降水量。

没有降水时,降水量记录栏空白不填;有降水但降水量不足 0.05 mm 时,记 0.0。单纯的雾、露、霜、冰针、雾凇、吹雪作为无降水处理。在炎热干燥的日子,为防止蒸发,降水停止后,要及时进行观测。

在降水强度较大时,应增加观测次数,求其总和,以免降水溢出。出现这样的情况要特别重视,因为此时的降水记录尤为重要。

雨量器因结构简单,观测方便,在农田观测中仍然可以使用。

二、翻斗式遥测雨量计

翻斗式遥测雨量计可测量及记录液体降水量、降水起止时间和降水强度。它采用有线遥测,观测方便,其承水器口径为 20 cm,测量最小分度为 0.1 mm。

1. 结构及工作原理

仪器由感应器和记录器两部分组成。

(1)感应器

翻斗式雨量感应器装在室外,主要由承水器、上翻斗、汇集漏斗、计量翻斗、计数翻斗及干簧开关等构成(图 5.2)。承水器收集的降水通过漏斗进入上翻斗,当雨水积到一定量时,由于水本身重力作用使上翻斗翻转,水进入汇集漏斗。降水在汇集漏斗的节流管注入计量翻斗时,就把不同强度的自然降水,调节为比较均匀的降水强度,以减少由于降水强度不同所造成的测量误差。当计量翻斗承受的降水量为 0.1 mm 时(也有的为 0.5 mm 或 1 mm 翻斗),计量翻斗把降水倾倒到计数翻斗,使计数翻斗翻转一次。计数翻斗在翻转时,与它相关的磁钢对干簧管扫描一次。干簧管因磁化而瞬间闭合一次。这样,降水量每次达到 0.1 mm 时,就送出去一个开关信号,采集器就自动采集存储 0.1 mm 降水量。

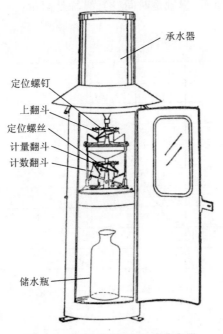

承水器
定位螺钉
上翻斗
定位螺丝
计量翻斗
计数翻斗

储水瓶

图 5.2　翻斗式遥测雨量计感应器

(2)记录器

记录器安在室内台架上,由计数器、记录笔、自记钟、控制线路板等构成,如图5.3所示。

当感应器送来一个脉冲信号,电磁铁吸动一次,一方面使计数器的十进齿轮转动一齿而记数,另一方面使履带沿靠块运动带动自记笔记录。当电磁铁吸动100次后,自记笔与履带脱开。自记笔下落,回到自记纸的"0"线,再重新开始记录,记录出阶梯式的自记线。

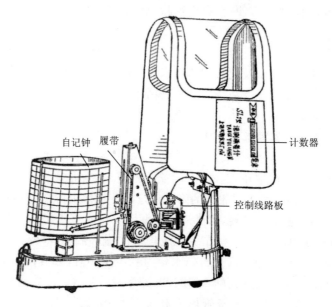

图5.3 翻斗式遥测雨量计记录器

雨量自记纸如图5.4所示,横轴是时间(h),纵轴是雨量(mm),粗斜线是阶梯式的自记记录线。

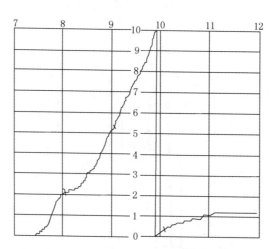

图5.4 翻斗式遥测雨量计自记纸

2. 安装

感应器应牢固安装在观测场内,要求器口水平。记录器安置在室内稳固的桌面上,避免震动。

3. 观测和记录

(1)从计数器上读取降水量,读数后按回零按钮,将计数器数字复位到"0"。

(2)自记纸的更换,一日内有降水,必须于 20 时换纸,方法同温度计。换纸时有降水,在迹线终止和开始的一端均用铅笔划一短垂线,作为时间记号;换纸时无降水,在新的自记纸换上前拧动笔位调整旋钮,把笔尖调到"0"线上。无降水时,一张自记纸可连续用 8~10 d,每天于规定的换纸时间,先作时间记号,再重新对准时间,并拧动笔位调整旋钮,自记笔上升约 1 mm 格数,以免每日迹线重叠。

三、虹吸式雨量计

虹吸式雨量计是连续记录液体降水量和降水时数的自记仪器。

1. 构造与工作原理

如图 5.5 所示,它由承水器、浮子室、自记钟、虹吸管等组成,常用的承水器直径 20 cm(口面积 314 cm^2)。

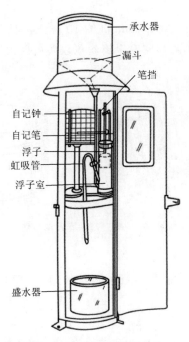

图 5.5　虹吸式遥测雨量计

降水从承水器进入浮子室后,浮子随水位升高,当浮子室内贮满 10 mm 雨量时,在短时间内发生一次虹吸,将浮子室内的存水从旁边的虹吸管一次排出,浮子下降,重新从零位开始记录。如仍有降水,则浮子又重新上升。这样,浮子所带的笔尖在自记纸上记录了降雨量随时间累积的过程。

2. 使用

虹吸式雨量计安装及自记纸更换与翻斗式遥测雨量计基本相同,只是换纸时具体操作方法不同,即无降水连续使用自记纸时,只需每天于换纸时间加注 1 mm 水量,用来抬高自记笔位,以免每日迹线重叠;有降水自记迹线上升>0.1 mm 时,必须在规定时间换纸;如果

自记纸上有降水记录,但换纸时无降水,则在换纸时作人工虹吸,向承水器注水产生虹吸使笔尖回到自记纸"0"线位置,若换纸时正在降水,则不做人工虹吸。

在寒冷季节,对于随降随融的固态降水,虹吸式雨量计仍可照常使用。若出现结冰现象,虹吸式雨量计应停止使用,并将浮子室内的水排尽,以免结冰损坏仪器,直到次年结冰现象结束,再恢复使用。

第二节　蒸发的观测

由于蒸发而消耗的水量称为蒸发量。通常测定蒸发量是用一定口径的蒸发器中的水因蒸发而降低的深度来表示,以毫米(mm)为单位,取小数一位。观测蒸发量的仪器有小型蒸发器和 E-601 型蒸发器。

一、小型蒸发器

1. 构造

小型蒸发器(图 5.6)为一口径 20 cm、高约 10 cm 金属圆盆,口缘镶有内直外斜的刀刃形铜圈,器旁有一倒水的小嘴,器口附有金属丝罩以防鸟兽饮水。

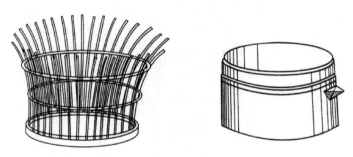

图 5.6　小型蒸发器及蒸发罩

2. 安装

小型蒸发器应安置在终日能受到阳光照射的地方,器口要水平,口缘离地面高度为 70 cm。

3. 观测和记录

每天 20 时进行观测,测量前一天 20 时注入的 20 mm 清水(即今日原量)经 24 小时蒸发后剩余的水量,记为余量,然后倒掉余量,重新量取 20 mm(干燥地区和干燥季节须量取 30 mm)清水注入蒸发皿内,作为次日原量。蒸发量的计算式为:

$$蒸发量=原量-余量$$

如果观测时段(前一天 20 时—当天 20 时)内有降水,则蒸发量的计算式为:

$$蒸发量=原量+降水量-余量$$

观测时若蒸发皿内的水量全部蒸发完,记为>20.0(如原量为 30 mm,记为>30.0)。因降水或其他原因,致使蒸发量测定值为负值时,记为 0.0。

在冬季结冰时用称量法测量,其他季节用量杯法(用和蒸发器口径相配合的量杯)或称量法均可。

4. 注意事项

有降水时应把金属丝罩取下,以免雨滴溅入。有强烈降水时,应随时注意从蒸发皿内取出一定的水量,以防止水溢出,取出的水量应及时记录,并加在当日的余量栏中。夏季天气干燥时可多倒一些清水。

小型蒸发器口面积小,据试验其观测值与实际水面蒸发量差值大,它的观测资料必须通过较长时期与大型水面蒸发仪器对比观测求得折算系数才有使用价值。

二、E-601B 型蒸发器

1. 构造

E-601B 型蒸发器如图 5.7 所示。

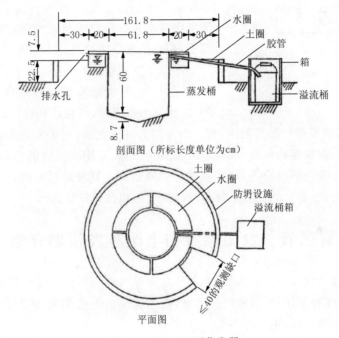

图 5.7　E-601B 型蒸发器

它主要由蒸发桶、水圈、溢流桶和测针四部分组分。

(1)蒸发桶是一个器口面积为 3000 cm² ,有圆锥底的圆柱形桶,器口要求正圆,口缘为内直外斜的刀刃形,桶底中心装有一根直管,直管上端装有测针座,座上装有器内水面指示针,用于指示蒸发桶中水面高度。桶壁有溢流孔,用胶管与溢液桶相连接。

(2)水圈是装置在蒸发桶外围的环套,用以减少太阳辐射及溅水对蒸发的影响。它由四个相同的、其周边稍小于四分之一圆周的弧形水槽组成。水圈内的水面应与蒸发桶内的水面接近。

(3)溢流桶用来承接因暴雨从蒸发桶溢出的水量。

(4)测针用于测量蒸发器内水面高度,如图 5.8 所示。

2. 安装

E-601B 型蒸发器安装时力求少挖动原土,蒸发桶放入坑内,器口水平,水面的高度低于蒸发桶口缘约 7.5 cm。

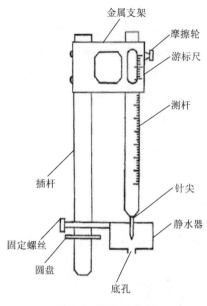

金属支架
摩擦轮
游标尺
测杆
插杆
针尖
固定螺丝
静水器
圆盘
底孔

图 5.8　测针示意图

3. 观测和记录

每日 20 时观测,观测时先调整测针针尖与水面恰好相接,然后从游标尺上读出水面高度。读数时,游尺"0"线所对标尺的刻度为整数,而与标尺某一刻度相吻合的游尺刻度线数字为小数。

蒸发量＝前一日水面高度＋降水量(以雨量器观测值为准)－ 测量时水面高度

观测后应立即调整蒸发桶内的水面高度,加(汲)水,使水面恰好与针尖齐平,并用测针测量器中水面高度值,作为次日的蒸发"原量"。如果因降水使蒸发桶内有水溢出流入到溢流桶中,应测出溢流桶中的水量并换算成与蒸发桶口面积相应的水层厚度,再从蒸发量中减去此水层厚度。

冬季结冰期很短的地区,结冰时可停止观测,蒸发量记"B"。冬季结冰期较长地区,结冰期停止观测,应将器内水汲净,以免冻坏仪器。

在 E-601B 型蒸发器的蒸发桶内,有一个专门的三角支架,用来安装蒸发传感器。蒸发传感器是自动观测蒸发量的仪器,根据超声波测距原理,采用高精度的超声波探头,来对蒸发桶内的水面高度变化进行检测,并转换成电信号输出。蒸发传感器可自动测量蒸发桶内水面高度的连续变化,并自动计算出每小时的蒸发量和日蒸发量。

第三节　农田蒸散和土壤蒸发仪器介绍

测定农田蒸散的仪器称作蒸散器,大多是截取尽可能与周围环境保持相同自然条件的土柱,若在土柱表面种植作物,可测定蒸散量,若土柱表面没有作物,能测定土壤蒸发量,所以也称为土壤蒸发器,目前主要有两类。

一、称重式蒸散器

如苏制的 ГГИ-500 型土壤蒸发器就是小型称重蒸散器,它是用称量法测出某时段内土壤重量的变化,再考虑到降水量和渗漏量,计算出该时段内土壤蒸发量(裸地)或农田蒸散量(有植被的田地)。

$$E = \frac{1}{500} \times 10(w_1 - w_2) + R - f$$

式中:E 是蒸发量,$\frac{1}{500} \times 10$ 是换算系数,w_1 和 w_2 分别为上次和本次蒸发器内筒(含土柱)的重量,R 为本次测量的降水量,f 为本次测量的渗水量。

这类蒸散器由内筒、外筒和集水器组成,如图 5.9 所示。

内筒是用来盛装整段土样的,高 50 cm,横截面积为 500 cm²,内筒的底上有许多直径为 2 mm 的小孔,可使过多的土壤水通过整段土柱后渗漏到集水器中,外筒是内筒的外壳,筒

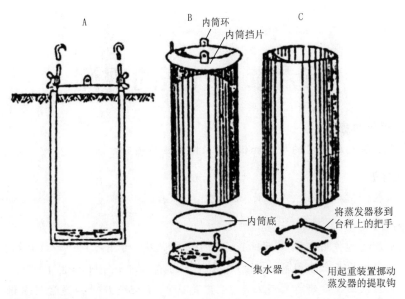

A　蒸发器安装示意图　　　B　蒸发器内筒　　　C　蒸发器外筒

图 5.9　ГГИ-500-50 土壤蒸发器

底不透水,集水器的上部有两个孔的漏斗状物,可以集纳由土柱内渗下的雨水。

由于圆筒内的土壤蒸发与筒外有一定差异,因此,使用这类仪器测出的蒸发量存在一定误差。

二、水力式蒸散器

它以静水浮力称重原理为基础,将装有土柱的容器安装于漂浮在水池中的浮船上,组成漂浮系统,当土柱中的水分增减而引起重量变化时,装有土柱的容器在水池中的沉没深度也将发生变化,沉没深度与土柱的含水量为线性关系。如测出土柱容器的沉没值,便可计算土柱的重量变化,并考虑降水量和渗漏量,即可得到该时段的农时蒸散量或土壤蒸发。

【实习思考题】

1. 试述降水、蒸发观测的意义。

2. 如何观测降水量? 降水记录栏中,降水记录为 0.1、0.0 和没有记录分别代表什么意义?

3. 有降水时蒸发器的蒸发量如何计算?

第六章 气压的观测

【实验的目的和意义】

通过实验了解气压测定的原理和仪器,掌握气压的测定方法。

【实验仪器】

水银气压表、空盒气压表、气压计、测高仪。

【实验内容】

气压观测是测定作用在单位面积上的大气压力,以百帕(hPa)为单位,精确到 0.1 hPa。习惯上也常使用毫米汞柱(mmHg)作为气压的单位,1 mmHg≈3/4 hPa。

测量气压的仪器主要有水银气压表、空盒气压表、自记气压计。通常用水银气压表测量气压,用自记气压计连续记录气压的变化,进行野外观测时则常用空盒气压表。

第一节 水银气压表

一、测压原理

将一支一端封闭的玻璃管抽成真空,注满水银,再将开口一端插入水银槽中,以水银槽平面到管内水银柱顶的高度来测量气压,称之为托里拆利原理,如图 6.1 所示。

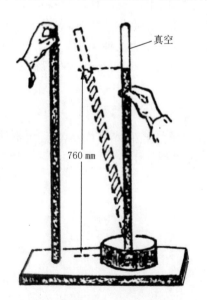

真空

760 mm

图 6.1 水银气压表测压原理

二、仪器构造与使用

常用的水银气压表有动槽式(福丁式)水银气压表和定槽式(寇乌式)水银气压表两种。均是根据托里拆利原理制成,主要由水银柱内管、含读数标尺的外部套管、水银槽三部分组成,如图 6.2 所示。

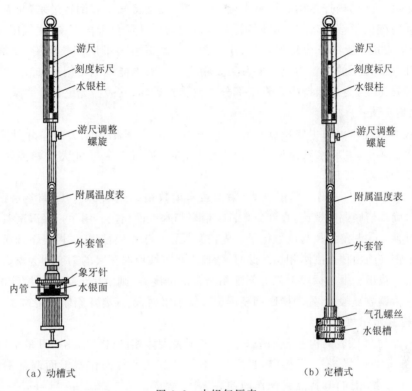

（a）动槽式　　　　　　　　　　（b）定槽式

图 6.2　水银气压表

1. 动槽式水银气压表

（1）构造

其构造可分为内管、外套管与水银槽三部分,如图 6.2a 所示。

水银柱内管:动槽式水银气压表的水银柱内管是一根直径约 8 mm,长约 900 mm 的玻璃管,顶端封闭,底端开口,管内灌满纯净水银后开口端插入水银槽内。

外部套管:外部套管用黄铜制成,其作用是保护和固定水银柱内管,同时刻有标尺刻度,用于测定水银柱顶端的高度。套管上部前后都开有长方形窗孔,可以直接观测水银柱内管中水银柱顶端。正面窗孔的右侧有刻度标尺,窗孔间装有游尺,转动右侧螺旋可使游尺上下移动。在套管的中部装有一支附属温度表,用来测量气压表表身的温度。套管下端与水银槽连接。

水银槽:水银槽分上、下两部分,中间有一个玻璃圈,通过水银圈可看见槽内水银面。水银槽上部有一个上木杯,木杯上部用羊皮囊与水银柱内管包扎联结,上木杯下面有一个倒置的象牙针,以象牙针尖作为气压表刻度尺的基点。水银槽下部有一个下木杯,木杯下面包扎一个圆袋状羊皮囊,用来盛装水银,羊皮囊用木托托住,借助槽底调整螺旋来升降羊皮囊,使

槽内水银面恰好与象牙针尖接触。

(2)安装与移运

水银气压表应安装在温度少变、既通气又无大的空气流动、光线充足的室内,垂直悬挂,并避免阳光直接照射。室内不得安置热源如暖气等,也不得安装在窗户旁边。

安装前,应将挂板或保护箱牢固地固定在准备悬挂气压表的地方,再小心地从盒中取出气压表,槽部向上,稍稍拧紧槽底调整螺旋1~2圈,慢慢将气压表倒转过来,使表直立,槽部向下。然后将槽的下端插入挂板的固定环里,再把表顶悬环套入挂钩中,使气压表自然垂直后,慢慢悬紧固定环上的三个螺丝,将气压表固定。最后旋转槽底调整螺旋,使槽内水银面下降到象牙针尖稍下的位置为止。安装后要稳定3小时方能观测使用。

气压表移运时,为了保持内管真空部分不致受到破坏,其表身始终倒立。

(3)观测步骤

动槽式水银气压表的主要特点是有一个"固定零点",其槽内上方的象牙针尖即为气压零点。每次观测时,须将水银面调整到此零点上,即水银面与象牙针尖恰相接触,然后根据水银柱高度,读取气压值。

观测步骤如下:①观测附属温度表(附温表),读数精确到0.1℃。②调整水银槽内水银面。调整时旋动槽底调整螺旋,直到象牙针尖恰好与水银面相接。用手指轻敲套管,使水银面处于正常位置。③调整游尺与读数记录。先使游尺稍高于水银柱顶,再慢慢下降游尺,直到游尺下缘与水银柱凸面顶点刚刚相切。此时,游尺下缘零线所对标尺的刻度即为整数读数,再从游尺刻度线上找出一根与标尺上某一刻度相吻合的刻度线,则游尺上这根刻度线的数字就是小数读数。④读数复验后,旋动槽底调整螺旋降低水银面,使其离开象牙针尖约2~3 mm。

2. 定槽式水银气压表

定槽式水银气压表的构造与动槽式水银气压表大体相同(图6.2b),只是水银槽的容积固定,水银定量,标尺的零点不固定,观测时,不像动槽式那样需作水银面调整工作,只需轻击表身,其他步骤相同,其特点是操作简便。

定槽式水银气压表的观测方法如下:①观测附属温度表(附温表),读数精确到0.1℃。②用手指轻击气压表表身。③调整游尺与读数记录,方法同动槽式水银气压表。

三、记录处理

1. 本站气压及其订正

测站气压表所在高度上的气压值,称为本站气压。

水银柱高度必须以温度为0℃,重力加速度为9.80655 m/s² 的情况下所具有的高度为标准。当测量气压时,温度和重力加速度与上述情况不符,必须对由此引起的偏差加以订正。因此,水银气压表的读数须按仪器差订正、温度差订正、重力差订正的顺序进行三步订正,才是本站气压。

(1)仪器差订正

由于水银气压表本身的误差而造成的偏差称为仪器差。根据观测读数值,在该气压表的仪器差订正表上查出相应的器差订正值,与气压读数求代数和,即为订正后的气压值。

(2)温度差订正

水银气压表的标尺刻度是以0℃时为准。即使气压保持不变,当温度变化时,水银的密度也随之改变,同时测量水银柱高度的黄铜标尺的长度亦会发生胀缩,并且水银和黄铜标尺的膨胀系数是不同的,由此而引起的误差称为气压温度器差。由于水银的膨胀系数大于黄铜,因此,当温度高于 0℃ 时,订正值为负;温度低于 0℃ 时,订正值为正。订正时,用经过仪器差订正后的气压值和附属温度值(附温),从《气象常用表》(第二号)第一表上查取温度差订正值,用经过仪器差订正后的气压值和温度差订正值相加,即得到经过温度差订正后的气压值。

（3）重力差订正

水银气压表是以纬度为 45° 的海平面上的重力为标准的,不同纬度、不同海拔高度的重力加速度不同,这种因重力不同而引起的偏差,称为重力差。重力差订正包括纬度重力差订正和高度重力差订正两个方面。

纬度重力差订正:由于地球的极半径小于赤道半径,重力加速度随纬度的增加而增大,因此,当纬度大于 45° 时,订正值为正;小于 45° 时,订正值为负。订正时,用经过温度差订正后的气压值和当地纬度,从《气象常用表》(第三号)第一表上查取纬度重力差订正值。

高度重力差订正:由于重力加速度随海拔高度的增加而减小,因此,当海拔高度高于海平面时,订正值为负;低于海平面时,订正值为正。订正时,用经过温度差订正后的气压值和当地海拔高度值,从《气象常用表》(第三号)第二表上查取高度重力差订正值。

纬度重力差订正值和高度重力差订正值之和,即为重力差订正值。用经过温度差订正后的气压值和重力差订正值相加,即得到经过重力差订正后的气压值(本站气压值)。

2. 海平面气压订正

本站气压只表示当地海拔高度上的大气压强。气象上为了比较各地气压的大小,分析水平气压场,必须将各地的本站气压统一订正到海平面上,这种订正称为海平面气压订正(高度差订正),订正后的气压称为海平面气压。

$$海平面气压(P_0) = 本站气压值(P_h) + 高度差订正值(C)$$

（1）海拔高度低于 15.0 m 时,高度差订正值为

$$C = 34.68\frac{h}{t+273}(\text{hPa}) \tag{6.1}$$

式中:h 为当地海拔高度;t 为年平均气温。

（2）当海拔高度达到或超过 15.0 m 时,高度差订正值的计算方法如下:

①计算空气柱平均温度

$$t_m = \frac{t+t_{12}}{2} + \frac{h}{400} \tag{6.2}$$

式中:t_m 为空气柱平均温度;t 为观测时的气温;t_{12} 为观测前 12 小时的气温;h 为当地海拔高度。

②用 t_m 和 h,由《气象常用表》(第三号)第四表查算出 M 值。

③用本站气压 P_h 和 M 值计算出高度差订正值,计算公式:

$$C = \frac{P_h \cdot M}{1000}(\text{hPa}) \tag{6.3}$$

气象台站实际工作中常先做好气压订正简表,气压读数后,直接从简表上查取本站气压或海平面气压。

第二节　空盒气压表

空盒气压表示利用空盒弹性应力与大气压力相平衡的原理,以它形变的位移测定气压,它不如水银气压表准确,但使用与携带较方便,常用于野外考察。

一、构造

空盒气压表分感应、传递放大和指示三部分(图 6.3)。

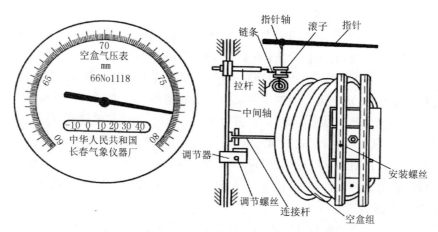

图 6.3　空盒气压表

1. 感应部分

由扁平的金属膜片空盒组构成,盒内的气压较低,它的一端与传动放大部分连接,另一端固定在金属板上。

2. 传动放大部分

由连接杆、中间轴等以及一套杠杆传动装置组成。空盒的微小形变经过它的两次放大,指针便有明显的偏转。

3. 指示部分

由指针、刻度盘和附温表组成,如图 6.3 所示。

二、测压原理

当空盒弹力与大气压力相平衡时,空盒受气压作用被压缩保持一定的形状,指针指示出相应的气压值,当大气压力增大时,空盒进一步压缩,带动连接杆右移,使调节器、拉杆顺时针旋转,链条右移,指针顺时针偏转,指示气压升高,反之,大气压减小,空盒膨胀,使指针反时针偏转,指示气压降低。

三、观测步骤

1. 打开盒盖,先读附温,准确到 0.1℃。

2. 轻击盒面,待指针停止后读取指针尖端所指示的数值,精确到 0.1(hPa 或 mm),读数时视线须垂直于刻度面。

3. 复读并关好盒盖。

四、读数订正

空盒气压表的读数经过下述三种订正后,才是准确的本站气压值。

1. 刻度订正

订正由于仪器制造或装配不够精密造成的误差。刻度订正值可从仪器检定证上查出。

2. 温度订正

由于温度的变化,引起的空盒弹性改变造成的误差。温度订正值可由下式求得:

$$\Delta P = \alpha \cdot t$$

式中:α 为温度系数,即当温度改变 1℃时,空盒气压表示度的改变值,它可以从检定证中查得。t 为附温读数。

3. 补充订正

是订正由于空盒的残余形变所引起的误差。空盒气压表必须定期(每隔 3～6 个月)与标准水银气压表进行比较,求出空盒气压表的补充订正值。

五、空盒气压计

自记气压计(空盒气压计)是自动、连续记录气压变化的仪器,由感应部分(金属弹性膜盒组)、传递放大部分(杠杆)和自记部分(自记钟、笔、纸)组成,如图 6.4 所示。

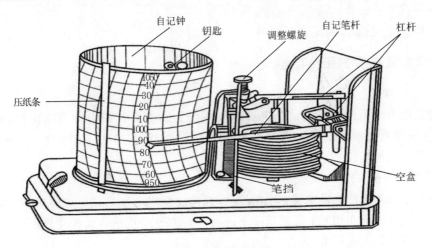

图 6.4　空盒气压计

自记气压计的感应部分通常由 5～7 个空盒串接而成,其感应原理与空盒气压表相同。空盒的底轴是固定在双金属片上,双金属片用以补偿温度变化对空盒变形的影响。

自记气压计的观测记录方法及订正方法,与自记温度计、自记湿度计类似。

第三节　气压传感器

现在常用的气压传感器为电测式的,它是将大气压的变化转换成电信号的变化,再经过

电子测量电路对电信号进行测量和处理而获得气压值。

常用的电测式气压传感器有振筒式气压传感器和膜盒式电容气压传感器。

一、振筒式气压传感器

1. 构造原理

该传感器由两个一端密封的同轴圆筒组成。内筒为振动筒,其弹性模数的温度系数很小。外筒为保护筒。两个筒的一端固定在公共基座上,另一端为自由端。线圈架安装在基座上,位于筒的中央,如图 6.5 所示。

线圈架上相互垂直地装有两个线圈,其中激振线圈用于激励内筒振动,拾振线圈用来检测内筒的振动频率。两筒之间的空间被抽成真空,作为绝对压力标准。内筒与被测气体相通,于是筒壁被作用在筒内表面的压力张紧,这一张力使筒的固有频率随压力的增加而增加,测出其频率即可算出本站气压。

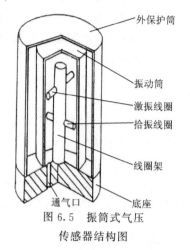

外保护筒
振动筒
激振线圈
拾振线圈
线圈架
通气口   底座
图 6.5 振筒式气压
传感器结构图

2. 安装与维护

振筒式气压传感器及其组件安装在采集器内。其感应部位与台站水银气压表的感应部位高度一致,如果无法调整到一致,则要重新测定海拔高度。安装或者更换传感器时应在切断电源的条件下进行。气压传感器应避免阳光的直接照射和风的直接吹拂。

应定期检查气孔,及时更换干燥剂。

二、膜盒式电容气压传感器

1. 构造原理

膜盒式电容气压传感器的感应元件为真空膜盒。当大气压力发生变化时,使真空膜盒(包括金属膜盒和单晶硅膜盒)的弹性膜片产生形变而引起其电容量的改变。通过测得电容量来计算本站气压。

2. 安装与维护

膜盒式电容电压传感器安装在采集器内,其高度要求与振筒式电压传感器相同。安装或者更换传感器时应在切断电源的情况下进行。安装好的传感器要保持静压气孔口畅通,以便正确感应外界大气压力。

第四节 测高表

测高表是用来测量海拔高度的仪器,又叫海拔仪。

一、构造原理

它的原理和构造与空盒气压表基本相同,不同的地方是测高表上有两个同心的圆形刻度盘,内盘刻度是气压单位,外盘刻度是海拔高度,外盘可以转动,如图 6.6 所示。

高度 Z 处的气压 P_Z 可以用下式求得：

$$P_Z = P_0\left(1 - \frac{Z \cdot \gamma}{T_0}\right)^{\frac{g}{R_d \cdot \gamma}} \qquad (6.4)$$

式中：P_0 为海平面气压，T_0 为海平面温度（绝对温度），γ 为温度递减率，R_d 为干空气气体常数，g 为重力加速度。

取 $P_0 = 760$ mm 水银柱高度，$T_0 = 288$K，$\gamma = 0.0065\,℃/m$，$R_d = 0.287$ J/(g·K)，$g = 9.806$ m/s^2 代入上式得：

$$P_Z = 760\left(1 - \frac{Z}{44308}\right)^{5256} \qquad (6.5)$$

外盘刻度由上式计算而定。

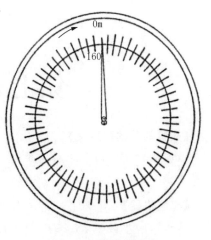

图 6.6　测高仪测度盘

二、观测

首先需要把高度刻度盘上的"0"米对准气压刻度盘上的"760 mm"或"1000 hPa"，然后轻击表壳，待针稳定后再读数，此时指针所指的高度就是当地的海拔高度。

三、注意事项

由于测高表刻度盘尺度的依据公式是在假定条件下求出的，因而测高表精确度不够高，它需要定期用水银气压表校正。当误差大时，可拨动"指针调整螺丝"调整指针到经过订正的本站气压刻度上。

利用测高表可以得到两个地点的高度差，但这两个地点的观测时间不得超过 1 h。

【实习思考题】

1. 试述气压观测的意义。为什么能利用水银气压表测出大气压力？
2. 为什么要进行本站气压和海平面气压的订正？
3. 空盒气压表和气压计的原理是什么？
4. 海拔仪的测高原理是什么？

第七章　风的观测

【实验的目的和意义】

通过实验了解测定风的仪器,掌握风向、风速的测定方法。

【实验仪器】

轻便风向风速表、电接风向风速计、热球微风仪等。

【实验内容】

空气的水平运动称为风。风是矢量,包括风向和风速。风向是指风的来向,用十六个方位表示,以拉丁文缩写记录(图7.1)。风速指空气所经过的距离对经过此距离所需时间的比值,以米/秒(m/s)为单位。风速有平均风速和瞬时风速。

测定风向风速的仪器有轻便风向风速表、电接风向风速计及热球式电风速计等。

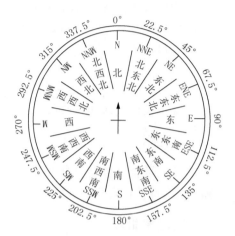

图7.1　风向十六方位图

第一节　轻便风向风速表

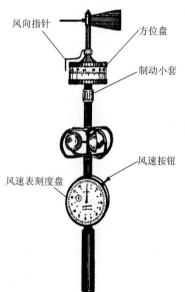

图7.2　DEM6型轻便风向风速表

轻便风向风速表(图7.2),是测量风向和1 min内平均风速的仪器,适用于野外流动观测。

一、构造和工作原理

仪器由风向部分、风速部分和手柄三部分组成。

1. 风向部分

包括风向标、风向指针、方位盘、制动小套等。

风向标是指示风向的最主要部件,分为头部、水平杆和尾翼三部分。在风力的作用下,风向标绕铅直轴旋转,使风尾摆向下风方同,头部指向风的来向。

方位盘系一磁罗盘,当制动小套打开后,罗盘按地磁子午线的方向稳定下来,风向标随风向摆动,风向指针即指出当时风向。

2. 风速部分

包括十字护架、风杯、风速表主机体等。

三个互成 120°固定在架上的半球形风杯都顺向一面,整个架子连同杯装在一个可以自由转动的轴上。在风力的作用下,半球形风杯所受压力凹面比凸面大得多,风杯绕轴旋转,其转速正比于风速。

轻便风向风速表(如 DEM6 型),如图 7.2,其风速表刻度盘上的刻度为平均风速,单位是 m/s。表盘上有风速指针(长黑针)和计时针(短红针)。当按下风速按钮,启动风速表后,风杯随风转动,带动风速表主机体内的齿轮组,风速指针即在刻度上指示出风速。同时,计时针走动计时,经 1 min 后自动停止计时,风速指针也停止转动,它所指刻度为该 1 min 的平均风速。

二、观测和记录

1. 观测时应将仪器带至空旷处,由观测者手持仪器,高出头部并保持垂直,风速表刻度盘与当时风向平行,然后,将方位盘的制动小套向右转一角度,使方位盘按地磁子午线的方向稳定下来,注视风向标约 2 min,记录其摆动范围的中间位置。

2. 在观测风速时,待风杯旋转约半分钟后,按下风速按钮,启动仪器,又待指针自动停止后,读风速示值(m/s);将此值从该仪器订正曲线上查出实际风速,取一位小数。

3. 观测完毕,将方位盘制动小套向左转一角度,固定好方位盘。

三、维护

平时不要随便按风速按钮,计时机构在运转过程中亦不得再按该按钮。

四、新型轻便风向风速仪

新型轻便风向风速仪是在轻便风向风速仪的基础上进行了改进,其观测原理与轻便风向风速仪相同,不同的是风速显示部分采用微机技术,仪器内的单片机对三杯风速传感器的输出频率进行采样、计算,最后仪器可以同时输出瞬时风速、一分钟平均风速、瞬时风级、一分钟平均风级、平均风速及对应的浪高。测得的参数在液晶显示器上用数字直接显示(图 7.3)。

不同型号的新型轻便风向风速仪,其操作方法相似,这里我们以 FYF-1 型为例介绍其使用方法。

1. 风向测量

观测方法同 DEM6 型轻便风向风速表。

2. 风速测量

仪器显示器面板如图 7.4 所示,液晶显示屏用于显示测量值。仪器运行时,同时测量瞬时风速、平均风速、瞬时风级、平均风级及对应浪高这 5 个参数,但只能显示其中一个参数,显示参数由风速显示键【A/B】和风级显示键【C/D/E】来切换。每按一次风速显示键【A/B】,显示参数就在瞬时风速和平均风速之间切换,每按一次风级显示键【C/D/E】,显示参数就在瞬时风级、平均风级和对应浪高之间切换,与此同时,单位的标志记号也作相应的切换。记录时,风速浪高保留小数点后一位,风级为整数。

图 7.3 新型轻便风向风速仪(FYF-1 型)

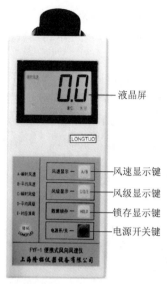

图 7.4　FYF-1 型风速仪
显示器面板

注意：平均风速、平均风级、对应浪高需要有 1 min 的采样时间，所以在测量后 1 min 内，或者锁存键（HOLD 键）撤销后 1 min 内，不能得到正确的平均值，一直要等到采样时间大于 1 min 以后，显示器才能显示有效的参数值。

功能键使用方法如下：

①电源开关【ON/OFF】

按下电源开关，电源接通，仪器进入瞬时风速测量状态，显示器显示"瞬时风速"，单位为 m/s，然后可参看仪器的功能显示进行风速显示键【A/B】或风级显示键【C/D/E】来选择需要测量及显示的参数，其数据单位将自动作相应改变。

②风速显示键【A/B】

按风速显示键【A/B】，仪器测量功能在"瞬时风速/平均风速"之间切换，显示屏左侧显示当前功能，三位数字显示当前值，显示屏右下方显示单位"m/s"。瞬时风速显示数据每隔 0.5 s 刷新一次，平均风速显示数据每隔 1 min 刷新一次，显示值为 1 min 平均风速，单位同样是"m/s"

③风级显示键【C/D/E】

按下风级显示键【C/D/E】，仪器测量功能在"瞬时风级/平均风级/对应浪高"之间切换，当显示屏左侧显示当前功能，三位数据显示测量值，显示屏右下方显示单位。风级单位为"级"，对应浪高单位为"m"，对应浪高数据每 1 分钟刷新一次，示值为前 1 分钟所对应的浪高。

④锁存显示按键【HOLD】

在测量状态时按下锁存显示键【HOLD】，仪器进入锁存状态，并将当前的测量数据锁存。再按一下锁存键，仪器退出锁存状态回到测量状态。

第二节　电接风向风速计

电接风向风速计是观测风向和风速的有线遥测仪器。

一、构造和原理

电接风向风速计是由感应器、指示器、记录器三部分组成。

1. 感应器

感应器包括风向部分和风速部分，如图 7.5 所示。

（1）风向部分

由风标、风向方位块、导电环、接触簧片等组成。在风力的作用下，风标头部指向风的来向，随着风标的转动，带动接触簧片，在导电环和方位块上滑动，接通相应电路。

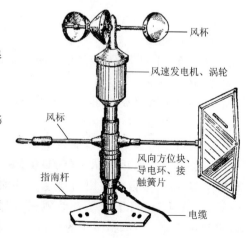

图 7.5　EL 型风向风速计感应部分

（2）风速部分

风速表由风杯、风速交流发电机、涡轮等组成。由于风杯凹面和凸面在垂直于风杯轴方向上的压力差，使风杯绕垂直轴旋转，带动风速发电机产生交流电动势，其数值与风速大小成正比。

2. 指示器

指示器由瞬时风向指示盘、瞬时风速指示盘和电源等组成，如图 7.6 所示。

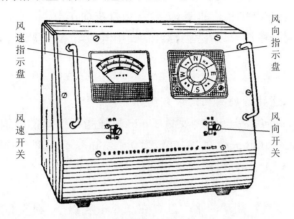

图 7.6　EL 型风向风速计指示器

瞬时风向指示盘是一个八灯盘，盘内的小灯泡通过电缆分别与风向方位块连接。当风向开关拨向上方时，电源正极接通，则与风标所在方位对应的一个（或两个）灯泡就点亮指示相应风向。

瞬时风速指示盘上有两个量程，分别为 $0\sim20$ m/s 和 $0\sim40$ m/s，用以观测瞬时风速和平均风速。感应器输送的交流电经过降压电阻和整流器，变成直流电，用电表测定并换算成风速。当风速开关拨向"20"挡时，电路的电阻较小，读量程为 $0\sim20$ m/s 的刻度，可用于测定较小风速；当风速开关拨向"40"挡时，电路的电阻较大，读量程为 $0\sim40$ m/s 的刻度，用于测定较大风速；当风速开关处于中间位置时，电路不通，电表无显示。

3. 记录器

记录器由八个风向电磁铁、一个风速电磁铁、自记钟、自记笔、笔挡、充放电线路等部分组成，如图 7.7 所示，对风向、风速进行自动记录。

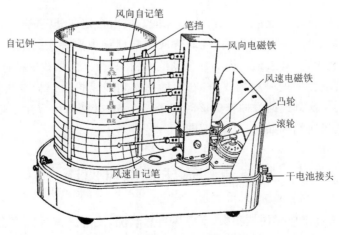

图 7.7　EL 型风向风速记录器

记录器每隔 2.5 min 记录一次瞬时风向,从记录线上可以求出任意 10 min 的平均风速和相应风向。

二、安装

感应器应安装在牢固的高杆或者塔架上,并附设避雷装置。风速感应器(风杯中心)距地面高度 10~12 m,感应器中轴应垂直,方位指南针指向正南。

指示器、记录器应平稳地安放在室内桌面上,用电缆与感应器相连接。

三、观测记录

EL 型电接风向风速计的观测和记录方法如下:

1. 打开指示器的风向、风速开关,观测 2 min 风速指针摆动的平均位置,读取整数并记录。风速小的时候,把风速开关拨在"20"挡,读 0~20 m/s 标尺刻度;风速大时,应把风速开关拨在"40"挡,读 0~40 m/s 标尺刻度。观测风向指示灯,读取 2 min 的最多风向,用十六方位的缩写记载。

2. 若 2 min 内风速指针摆动的平均位置在 0.5 m/s 以下,则为静风,风速记 0,风向记 C。平均风速超过 40 m/s,则记>40。

3. 观测后应立即把风向、风速开关拨回中间。

四、记录纸的更换与读取

1. 更换自记纸的方法基本与自记温度计、自记湿度计相同。对准时间后须将钟筒上的压紧螺帽拧紧。

2. 记录纸的读法

风速记录读法:读取正点前 10 min 内的平均风速,按迹线通过自记纸上水平分格线的格数来计算。自记纸上水平线是风速标尺,最小分度为 1.0 m/s。如通过 1 格记 1.0,1/3 格记 0.3,2/3 格记 0.7。风速划平线时记 0.0,同时风向记 C。风速自记部分是按空气行程 200 m 电接一次,风速自记笔相应跳动一次来记录的。如 10 min 内笔尖跳动一次,风速便是 0.3 m/s;跳动两次,风速便是 0.7 m/s。

风向记录读法:读取正点前 10 min 内的风向。风向自记部分每隔 2.5 min 记录一次风向,10 min 内连头带尾共有 5 次划线,挑取五次风向记录中出现次数最多的。如最多风向有两个出现次数相同,应舍去最左面的一次划线,而在其余 4 次划线中挑选。若再有两个风向相同的,则再舍去左面的一次划线,按右面的三次划线来挑取。如 5 次划线均为不同方向,则以最右面的一次划线的方向作为该时记录。在读取风向时,应注意若 10 min 平均风速为 0 时,则不论风向划线如何,风向均应记 C。

第三节　热球式电风速计

热球式电风速计感应元件体积小,不破坏自然状况,反应迅速且能测定微风,适用于小气候观测。

一、构造

仪器由感应部分和测量仪表两部分组成,如图 7.8 所示。

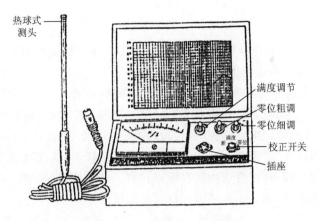

图 7.8　QDF 型热球式电风速计

1. 感应部分

是测杆头部的一玻璃球,球内有镍铬丝线圈和两个串联的热电偶。热电偶的冷端连接在磷铜质的支架上,直接暴露在空气中。

2. 测量仪表部分

是标有风速刻度的电表,并有校正开关、调节旋钮及插座等。

二、测风原理

热球中的镍铬丝被电流加热,同时流动的空气使它散热,由于散热速率和风速平方根呈线性关系,因此,测定热球的温度变化即可测定风速。热球的温度变化由它与支架(气温)间的温差表示,用热电偶产生温差电动势测定,通过电子线路线性化,再换算成风速直接在电表上指示出来,其读数为指示风速,经校正曲线校正后即为实际风速。

三、观测和使用

1. 使用前检查电表指针是否指示零点,如有偏移,可轻轻调整电表上的机械调零螺丝,使指针回到零点。

2. 将测杆插头插在插座内,测杆垂直向上放置,螺塞压紧,使探头密封。"校正开关"置于"断"的位置。

3."满度"调整"校正开关"置于"满度"位置,慢慢调整"满度调节"旋钮,使电表针指在满刻度位置。

4."零位"调整"校正开关"置于"零位"的位置,慢慢调整"粗调"和"细调"两个旋钮,使电表指针指在零点的位置。

5. 观测风速"校正开关"置于"零位"上,轻轻拉动螺塞,使探头露出。测头上的红点对准风向,从电表上读出风速大小,为指示风速,再查校正曲线,可得实际风速,单位为 m/s,精确到一位小数。这样观测的实际风速为当时的瞬时风速,若要观测平均风速,可在一定时间内(如 1 min)均匀读 10(30)个数,求其平均值。

6. 观测完毕,将测杆螺塞压紧,探头密闭,按步骤 3 及步骤 4 的要求再检查"满度""零位"后,"校正开关"置于"断"的位置,将测杆插头从插座内取出。

四、注意事项

1. 测定风速时,无论测杆如何放置,探头上的红点一边必须面对主风向,进行"满度"、"零位"调整时,测杆必须垂直向上放置。

2. 有的型号的测量部分略有不同,还设有"电源选择"开关及"低速"和"高速"开关,并且有两行风速刻度。使用时,当"校正开关"置于"断"处时,应先把"电源选择"开关置于所选用电源处。如用外接电源,"电源选择"开关拨至"外接"位置。如用仪器内部电源,"电源选择"开关拨至"通"的位置。"零位"调整时,把"校正开关"置于"低速"位置,慢慢调整"零位粗调"和"零位细调"两个旋钮,使电表指针在零点位置。若要测量 5~30 m/s 的风速,只要将"校正开关"置于"高速"位置。不需要再进行任何调整,即可测定风速。

3. 仪器内装有四节电池,分成两组,一组是三节串联的,另一组是单节的。调整"满度调节"旋钮,如果电表指针不能达到满刻度,说明单节电池已枯竭,调整"零位调节"旋钮,若指针不能回到零点,说明三节电池已枯竭,应予以更换。更换时,将仪器底部的小门打开,按正确方向装上电池。

第四节　目测风向风力

当没有测定风向风速的仪器,或虽有仪器但因故障而不能使用时,可目测风向风力。

一、估计风力

根据风对地面物体的影响而引起的各种现象,按风力等级表(表 7.1)估计风力,并记录其相应风速中数值。

表 7.1　蒲福风力等级表

风力级数	名称	海面状况		海岸船只征象	陆地地面征象	相当于空旷平地上标准高度 10 m 处的风速		
		海浪(m)						
		一般	最高			海里*/h	m/s	km/h
0	静风	—	—	静	静,烟直上	小于 1	0~0.2	小于 1
1	软风	0.1	0.1	平常渔船略觉摇动	烟能表示风向,但风向标不能动	1~3	0.3~1.5	1~5
2	轻风	0.2	0.3	渔船张帆时,每小时可随风移行 2~3 km	人面感觉有风,树叶微响,风向标能转动	4~6	1.6~3.3	6~11
3	微风	0.6	1.0	渔船渐觉颠簸,每小时可随风移行 5~6 km	树叶及微枝摇动不息,旌旗展开	7~10	3.4~5.4	12~19

风力级数	名称	海面状况 海浪（m）		海岸船只征象	陆地地面征象	相当于空旷平地上 标准高度 10 m 处的风速		
		一般	最高			海里* /h	m/s	km/h
4	和风	1.0	1.5	渔船满帆时,可使船身倾向一侧	能吹起地面灰尘和纸张,树的小枝摇动	11～16	5.5～7.9	20～28
5	清劲风	2.0	2.5	渔船缩帆（即收去帆之一部）	有叶的小树摇摆,内陆的水面有小波	17～21	8.0～10.7	29～38
6	强风	3.0	4.0	渔船加倍缩帆,捕鱼须注意风险	大树枝摇动,电线呼呼有声,举伞困难	22～27	10.8～13.8	39～49
7	疾风	4.0	5.5	渔船停泊港中,在海者下锚	全树摇动,迎风步行感觉不便	28～33	13.9～17.1	50～61
8	大风	5.5	7.5	进港的渔船皆停留不出	微枝折毁,人行向前感觉阻力甚大	34～40	17.2～20.7	62～74
9	烈风	7.0	10.0	汽船航行困难	建筑物有小损（烟囱顶部及平屋摇动）	41～47	20.8～24.4	75～88
10	狂风	9.0	12.5	汽船航行颇危险	陆上少见,见时可使树木拔起或使建筑物损坏严重	48～55	24.5～28.4	89～102
11	暴风	11.5	16.0	汽船遇之极危险	陆上很少见,有则必有广泛损坏	56～63	28.5～32.6	103～117
12	飓风	14.0	—	海浪滔天	陆上绝少见,摧毁力极大	64～71	32.7～36.9	118～133
13	—	—	—	—	—	72～80	37.0～41.4	134～149
14	—	—	—	—	—	81～89	41.5～46.1	150～166
15	—	—	—	—	—	90～99	46.2～50.9	167～183
16	—	—	—	—	—	100～108	51.0～56.0	184～201
17	—	—	—	—	—	109～118	56.1～61.2	202～220

* 1 海里＝1.852 km。

二、目测风向

根据炊烟、旌旗、布条展开的方向及人的感觉,按八个方位估计。

目测风向风力时,观测者应站在空旷处,多选几个物体观测,尽量减少主观的估计误差。

第五节　风向风速传感器

在自动观测中常采用风向风速传感器,下面介绍常见的几种风向风速传感器。

一、单翼风向风速传感器

传感器由风向感应器和风速感应器两部分组成。

1. 风向感应器

风向感应器是利用一个低惯性轻金属的单翼风向标作为感应元件来指示相应风向,如图 7.9a 所示。

当风标转动时,带动同轴格雷码盘(常用七位,分辨率为 2.8°),按照码盘切槽的设计,码盘每转动 2.8°,光电管组就会产生新的七位并行格雷码输出。

2. 风速感应器

风速感应器采用三杯式感应器,风杯由碳纤维增强塑料制成,如图 7.9b 所示。

当风杯转动时,带动同轴多齿光盘转动,使下面的光敏三极管有时接收到上面发光二极管发射的光线而导通,有时接收不到上面发光二极管照射来的光线而截止。这样就能得到与风杯转速成正比的脉冲信号,该脉冲信号由计数器计数,经换算后就能得出实际风速值。

还有一种风速计的工作原理是:当风杯转动时,带动同轴的磁棒旋转,在霍尔集成电路中感应出与风速成正比的脉冲信号,经计数器处理后,输出实际风速值。

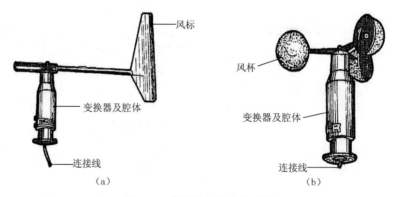

图 7.9　单翼风向风速传感器

二、螺旋桨式风速传感器

该感应器的头部是一组螺旋桨叶片,风向标部分制成与飞机机身相似的外形,保持良好的流线型,如图 7.10 所示。

在风向尾翼作用下,叶片旋转平面始终对准风的来向。叶片系统受到风压的作用,产生一定的扭力矩,使叶片旋转。转速与外界风速成正比。

三、超声波风传感器

超声波风传感器的工作原理是:在风向上,超声波在静止空气中的速度叠加上空气流动速度,在声波传播方向上有风力成分支持,所以使速度增加。相反,超声波传播相反方向上有逆风,将会减低传播速度。在一个固定的测量路径上,由于风速、风向的不同,导致叠加后

图 7.10 螺旋桨式风速传感器

的速度传播所用时间不同。由于声波传播速度还与空气温度有关,波速的传播时间是在两个不同路径的方向上测得。因此,温度影响可根据声波速度测量结果估算出来,结合两个位于正确角度上的路径,可获得总计算结果和矩阵分量的风速向量。矩阵速度分量测得后,它们被风力计的 N-程序处理转换为两极坐标并以风向、风速数据输出。图 7.11 为超声波风传感器。

二维超声波风传感器   三维超声波风传感器

图 7.11 超声波风传感器

【实习思考题】

1. 使用三杯轻便风向风速表时应注意什么?

2. 如何使用 EL 型电接风向风速计的记录器观测风向风速?

3. 热球微风仪在观测中怎样操作才能得到正确的观测值?

第八章　气候和农林气候资料的统计

【实习目的】

通过本实习,掌握基本气候指标以及农林气候指标的统计方法。

【实习内容】

气候数据犹如一种原料或半成品,要使得这些资料能为生产和科研服务,需要进行归纳统计和加工整理。气候资料统计就是按照各气候要素的物理性质和生产的需求,统计出各种能够说明气候特征,在各种不同地理条件下都具有明确物理意义的气候指标,这种气候指标不但具有充分的精确度,还具有时间和空间上的可比较性,在某种程度上它们之间还有一定的联系。最基本的指标有平均值、极值、较差、变率、频率等。

第一节　地面气象观测记录的统计方法

气候资料主要来源于地面气象观测记录报表,它是国家气象台站按统一规范(《地面气象观测规范》)进行观测所得到并经过整理的长期系统观测资料。地面气象观测记录报表主要有地面观测记录月报表(气表-1)和地面观测记录年报表(气表-21)。

气表-1 是在观测簿、自记记录纸和有关材料的基础上编制而成。报表中记录了本站气压、气温、水汽压、相对湿度、降水量、日照时数、风向风速等气象要素的定时记录与统计整理的日、候、旬、月平均值、总量值、极值、频率和百分率值,以及本月天气气候概况。

气表-21 是在气表-1 的基础上编制而成的。该表包括气压、气温、相对湿度、降水量等气象要素的月、年平均值(或总量值)、极端值及出现日期。表中还有霜、雪、积雪、结冰和最低气温≤0.0℃、地面最低温度≤0.0℃及雷暴的初、终日期以及本年天气概况等。

一、地面气象观测记录月报表(气表-1)的统计方法

1. 日平均值的统计

(1)四次观测(或有自记仪器)

日平均值为四次观测值相加除以 4 而得,其中 02 时可用观测值或订正后的自记记录。

(2)三次观测(无自记仪器)

日平均值有以下三种统计方法:

①气温和地面温度的日平均值

$$\bar{t} = \frac{\dfrac{当天最低温度 + 前一天\, t_{20}}{2} + t_{08} + t_{14} + t_{20}}{4}$$

②5 cm、10 cm 地中温度的日平均值按$(2 \times t_{08} + t_{14} + t_{20}) \div 4$统计。水汽压和相对湿度的日平均值统计方法相同。

③风向、风速、15 cm、20 cm、40 cm 地中温度日平均值按三次观测记录统计。

（3）日平均值，凡取一位小数的，须计算至小数第二位，然后四舍五入；凡取整数的，须计算至小数第一位，然后四舍五入。

2. 候、旬、月平均值的统计

（1）候平均气温

为该候各日平均气温之和除以候的日数而得。

候期的划分：每旬两候，每月六候，全年共七十二候。即每月 1 日至 5 日为第一候，6 日至 10 日为第二候……26 日至月末最后一天为第六候，每月第六候的日数，可为五天、六天或三天、四天（候降水量同）。

（2）旬、月平均值

气温、相对湿度等项的每天 4 次定时、日合计、日平均栏的旬、月平均值均按纵行统计。

纵行统计方法：即各定时、日合计、日平均的旬、月平均值，分别为该旬、月各定时、日合计、日平均的旬、月合计值除以该旬、月的日数而得。统计方法如表 8.1 所示。

表 8.1　气象资料月报表（人工）

日期＼时间	气温					
	02	08	14	20	日合计	日平均
1	a	b	c	d		
2						
……		同	同	同		
上旬计	A_1	左	左	左	X_1	Y_1
……		列	列	列		
中旬计	A_2				X_2	Y_2
……						
下旬计	A_3				X_3	Y_3
下旬平均	A_3/n				X_3/n	Y_3/n
月合计	$A_1+A_2+A_3$				$X_1+X_2+X_3$	$Y_1+Y_2+Y_3$
月平均	$(A_1+A_2+A_3)/N$				$(X_1+X_2+X_3)/N$	$(Y_1+Y_2+Y_3)/N$

（3）候、旬、月平均值计算时数据所取小数位，方法同日平均值统计。

3. 候、旬、月总量值的统计

（1）候降水量由该候各日降水量合计值累加而得。

（2）降水量的各定时及降水量、蒸发量、日照时数日合计的旬、月总量值，亦由逐日合计值累加而得。

4. 极值的挑选

（1）最高、最低气温（地面温度）及其出现日期

①日极值

从当日最高、最低气温（地面温度）和各定时气温（地面温度）中挑取。

②月极值

分别从逐日最高、最低气温(地面温度)中挑取一最高、最低值填入,并记其相应的出现日期。

(2)一日最大降水量和出现日期

从降水量日合计中挑选最大值及出现日期,如全月一日最大降水量为 0.0 mm,月极值和出现日期照填,全月无降水,该栏均空白。

(3)月最长连续降水日数及其降水量、起止日期

从降水量日合计中,挑取一个月内日降水量≥0.1 mm 的最长连续日数,并统计其相应的连续各日降水量的累计值,记其相应的起止日期。

【例 8.1】 统计表 8.2 中该月最长连续降水日数及其降水量、起止日期

表 8.2 某月各日降水量

日期	1	2	3	4	5	6	7	8	9	10	11	12	13	14	15
降水量(mm)		0.2	1.7				0.0			3.1			1.9	3.8	71.4
日期	16	17	18	19	20	21	22	23	24	25	26	27	28	29	30
降水量(mm)	0.0	62.7	3.5			0.9	7.7	10.3	0.1	2.7		75.0		3.1	

表中,该月连续降水日数以 21—25 日为最长,日数记 5 日,降水量 21.7 mm,起止日期记 21—25 日。

5. 月风向频率的统计

月的某风向频率,是表示月内该风向的出现次数占全月各风向(包括静风)记录总次数的百分比,即

$$月某风向频率 = \frac{该风向出现次数的月合计}{全月各风向记录总次数} \times 100\%$$

风向频率取整数,小数四舍五入。某风向未出现,频率栏空白。

6. 月日照百分率的统计

月日照百分率是表示某月日照总时数占该月可照总数的百分比,即

$$月日照百分率 = \frac{某月日照总数}{该月可照总时数} \times 100\%$$

月日照百分率取整数,小数四舍五入。

各月可照总时数,可从附录 4 或《气象常用表》(第三号)第七表中根据本站纬度查得,查可照总时数时,纬度精确到半度,即 $01'-14'$ 不计,$15'-44'$ 作 $0.5°$ 计,$45'-59'$ 作 $1°$ 计,表中只列出部分纬度的月可照时数,其他纬度由内插求得。

【例 8.2】 求杨陵($34°20'$N)1 月份可照时数。

(1)杨陵的纬度近似为 $34.5°$N。

(2)由附录 4 查得 1 月份可照时数 $36°$N 为 309.7 小时,$32°$N 为 318.9 小时,纬度高 $4°$,日照时数差 $309.7 - 318.9 = -9.2$ 小时。

(3)杨陵的纬度比 $32°$N 高 $2.5°$,则杨陵 1 月份可照时数为

$$318.9 + \frac{-9.2}{4} \times 2.5 = 313.2 \text{ 小时}$$

二、地面气象观测年报表(气表－21)的统计方法

1. 年平均值的统计

气温、相对湿度等项的年合计值由 1－12 月各月平均值累加而得,年平均等于年合计除以 12 而得。

2. 年总量的统计

降水量、蒸发量、日照时数的年总量值均由 1－12 月各月总量值累加而得。

3. 年极端值的挑选

年极端最高(最低)气温、一日最大降水量、最长连续降水日数和无降水日数均分别从各项的月极值中挑取,并记其相应的日期。

4. 年日照百分率、年风向频率统计方法同月日照百分率、月风向频率。

5. 初终间日数和无霜期日数的统计。

(1)年份和年度的概念

①年份　是指当年 1 月 1 日至 12 月 31 日。

②年度　是指前一年 7 月 1 日至当年 6 月 30 日,对当年来说,把前一年 7 月 1 日至当年 6 月 30 日称作上年度,而当年 7 月 1 日到后一年 6 月 30 日称作本年度。

例如,在编制 1980 年报表时,1980 年份指 1980 年 1 月 1 日到 12 月 31 日,上年度指 1979 年,即从 1979 年 7 月 1 日到 1980 年 6 月 30 日,本年度系指 1980 年度,即从 1980 年 7 月 1 日至 1981 年 6 月 30 日。

(2)初终间日数

各种天气现象和界限温度的初终间日数,是指包括初日和终日在内的初终日之间的日数。初终间日数可分别查附录 8 或附录 9,并按下式计算:

$$初终间日数＝终日累计日数－初日累计日数＋1$$

【例 8.3】　根据表 8.3 资料求取咸阳市 1971－1973 年度霜的初终间日数。

表 8.3　咸阳市初、终霜日(1971－1973 年)

年	年度	初日(月-日)	终日(月-日)
1971	1971－1972	10-26	4-10
1972	1972－1973	10-21	03-07
1973	1973－1974	10-27	04-02

查附录 8 且计算得:

1971 年度:284－118＋1＝167 天

1972 年度:250－113＋1＝138 天

1973 年度:276－119＋1＝158 天

(3)无霜期日数

当上年度终霜日和本年度初霜日出现在同一年份时,则无霜期日数为上年度终霜日的次日至本年度初霜日中的前一天之间的日数,并按下式计算:

$$无霜期日数＝初日累计日数－终日累计日数－1$$

【例 8.4】 利用表 8.3 的资料求咸阳市 1972 年及 1973 年无霜期日数。

咸阳市上年度终霜日和本年度初霜日出现在同一年份,查附录 9,且计算得:

1972 年:294－100－1＝193 天

1973 年:300－66－1＝233 天

第二节 气候资料的审查及序列订正

气候资料的质量高低直接影响着它的使用价值。因此,在归纳统计,加工整理之前,首先要审查这些资料是否合理和资料序列是否均匀。同时,由于序列长短不一的气候资料在时间上和空间上缺乏比较性。为使气候资料具有比较性,必须将短序列气候资料订正延长到长序列气候资料。

一、气候资料的审查

气候资料的审查包括合理性审查和均匀性审查两方面。

1. 合理性审查

指根据气象要素的变化规律查找气候资料中存在的不符合变化规律的个别资料。例如某地最高气温为 37.2℃,而大于 35℃ 的日数却等于零;又如某月晴、阴、云天日数之和不等于该月日数;再如 4 月平均气温反比 3 月低等。上述资料属不合理问题,必须通过核对原始记录加以纠正。

2. 均匀性审查

指整个观测序列能否真正地反映一定地区整个观测时期内的真实气候状况,即这个序列逐年的变化仅受气候条件的影响,并不受仪器的更换,观测场所的环境变迁,观测范围的改变以及观测员偏见等偶然因素的影响。审查时应注意资料中的奇大值与奇小值及记录的不连续(如猛升猛降)等现象。可以从邻站的资料及其他要素的对比上去考察其真伪。

二、资料序列的订正

由于气候具有逐年振动(所谓气候变迁),例如温度,在某一时期内可以具有上升的趋势,在另一时期内却又有下降的趋势。如果某一台站的观测时期恰为温度上升年代,则该站在这一时期的平均温度就要高于常值,反之,如果另一台站的观测时期恰为温度的下降年代,则该站在这一时期的平均温度就低于常值。可见二台站的观测时期如不一致,其气候资料的平均值就缺乏比较性。为使气候资料在时间上和空间上具有比较性,就必须把所比较的几个台站的资料序列订正到同一时期。另外,资料序列的长短对所求平均值的精度和代表性影响较大。资料序列愈长,则平均值的精度愈高,代表性愈好。但是,并非所有台站均有长序列气候资料,如无长序列的资料,就要把短序列资料订正到长序列,使所比较的气候资料具有相同的长度,同时也可对某些个别短缺资料进行插补。

最常用的方法有差值订正法和比值订正法两种,其次,还有回归订正法。

1. 差值订正法

大气环流所影响的范围是很大的,距离不太远的两个站点,可以认为是处于同一气候背景下,其同一气候要素的逐年变化趋势是比较一致的。某些连续变化的要素,如温度、湿度、气压等,两站间的差值是稳定的。因此,可以利用差值订正法,将短年代的气候资料订正到长序列。

设 A 站为基本站,气象要素值为

$$a_1,a_2,\cdots,a_n,\cdots a_N$$

B 站为订正站,气象要素值为

$$b_1,b_2,\cdots,b_n$$

其中 $N>n$。于是 A,B 两站气象要素的平均值:

$$\overline{A}_N=\frac{1}{N}\sum_{i=1}^{N}a_i$$

$$\overline{A}_n=\frac{1}{n}\sum_{i=1}^{n}a_i$$

$$\overline{B}_n=\frac{1}{n}\sum_{i=1}^{n}b_i$$

假设 B 站也有 N 年记录,则

$$\overline{D}_N=\overline{B}_N-\overline{A}_N$$

于是 $\overline{B}_N=\overline{A}_N+\overline{D}_N$

由于 A、B 两站是处于同一气候背景下,差值是稳定的,因此 $\overline{D}_n=\overline{D}_N$

由此可将 B 站的气象要素由 n 年延长到与 A 站相同年代（N 年）的平均值,即差值延长公式为

$$\overline{B}'_N=\overline{A}_N+\overline{D}_n \tag{8.1}$$

同理,可将 B 站个别短缺部分的资料补上,其差值插补公式

$$B'_m=A_m+\overline{D}_n \tag{8.2}$$

【例 8.5】 武功县气象站和扶风县气象站 6 月平均气温（1961—1970 年）见表 8.4,其中武功县气象站 1954—1980 年平均值为 24.4℃,试用差值订正法求扶风县气象站 6 月平均气温的多年平均值（1954—1980 年）

表 8.4　武功县气象站和扶风县气象站 6 月平均气温（1961—1970 年）　　单位:℃

年份		1961	1962	1963	1964	1965	1966	1967	1968	1969	1970	平均
平均气温	武功	23.6	25.6	24.1	23.4	24.0	26.6	24.4	26.3	26.1	22.9	24.7
	扶风	23.3	25.6	24.1	23.5	24.2	26.8	23.9	25.7	25.4	22.4	24.5

解:由上可知,

$$\overline{A}_N=24.4$$

$$\overline{A}_n=24.7$$

$$\overline{B}_n=24.5$$

于是 A、B 两站 6 月平均气温 n 年差值（1961—1970）为:

$$\overline{D}_n=\overline{B}_n-\overline{A}_n=-0.2$$

由于武功和扶风两站是处于同一气候背景下,差值是稳定的,因此,$\overline{D}_n=\overline{D}_N$

则由式(8.1)可得扶风县气象站 1954—1980 年平均气温为

$$\overline{B}'_N = \overline{A}_N + \overline{D}_n = 24.4 - 0.2 = 24.2℃$$

2. 比值订正法

处于同一气候背景下的两个相距不远的站点,对于降水量、积雪深度等非连续变化的要素来说,两站的差值并非稳定,但其比值却是稳定的,趋于一个常数。因此,这种不连续变化的气象要素,其序列的延长、插补常采用比值订正法。

设基本站 A 和订正站 B 的某气象要素的资料序列分别为 N 与 n,且 $N > n$,则 A、B 两站该要素的多年平均比值为:

$$\overline{K}_n = \frac{\overline{B}_n}{\overline{A}_n}$$

$$\overline{K}_N = \frac{\overline{B}_N}{\overline{A}_N}$$

由于该要素的比值稳定,所以 n 年资料的比值与 N 年资料的比值是相当接近的,即

$$\overline{K}_n \approx \overline{K}_N$$

于是得比值延长公式为:

$$\overline{B}'_N = \overline{A}_N \cdot \overline{K}_n \tag{8.3}$$

同样,比值插补公式为:

$$B'_m = A_m \cdot \overline{K}_n \tag{8.4}$$

【**例 8.6**】 武功县气象站和扶风县气象站的年降水量(1961—1970 年)见表 8.5,其中武功县气象站 1954—1980 年平均降水量 633.7 mm。试用比值订正法求出扶风县气象站 1954—1980 年的平均降水量。

表 8.5　武功县气象站和扶风县气象站年降水量(1961—1970 年)　　单位:mm

年份		1961	1962	1963	1964	1965	1966	1967	1968	1969	1970	平均
降水量	武功	619.1	525.1	590.6	887.6	641.1	516.1	639.5	584.6	520.5	743.7	646.8
	扶风	516.5	557.8	580.3	914.7	602.3	472.4	523.2	750.2	480.9	677.3	607.6

解:由上可知

$$\overline{A}_N = 633.7$$
$$\overline{A}_n = 646.8$$
$$\overline{B}_n = 607.6$$

于是 A、B 两站降水量 n 年比值为

$$\overline{K}_n = \frac{\overline{B}_n}{\overline{A}_n} = 0.939$$

则由式(8.3)可得扶风县气象站 1954—1980 年平均降水量为

$$\overline{B}_N = \overline{K}_n \cdot \overline{A}_N = 633.7 \times 0.939 = 595.8 \text{ mm}$$

对个别短缺资料缺补时方法同上,只是计算时用公式(8.2)、(8.4)即可。

3. 订正公式的适当性判据

如果两站间距离较大,要素的差值、比值稳定性就遭到破坏,作序列订正时,需先进行订

正公式的适当判断,即订正后的 B'_N 比 B_n 更接近于客观存在的而实际上是未知的真值 $\overline{B}_N$ 时,就认为这种订正是符合适当性标准的。

差值订正公式的适当性判据为:

$$r = \frac{1}{2} \frac{S_A}{S_B} \qquad (8.5)$$

式中:r 为两站要素间的相关系数,S_A,S_B 分别为样本标准差。

比值订正公式的适当性判据为

$$r > \frac{1}{2} \qquad (8.6)$$

第三节　气候资料的统计及整理

各气象要素的多年观测记录按不同方式进行统计,其统计结果称为气候统计量,又称气候要素指标。它们是分析和描述气候特征及其变化规律的基本资料。最常使用的有平均值、极值、较差、频率、变率等。

气候统计量通常要求有较长年代的记录,以便使所得的统计结果较稳定,一般取连续 30 年以上的记录即可。为了对某区域或全球范围的气候进行分析比较,必须采用相同年份或相同年代的资料。为此,世界气象组织曾先后建议把 1901－1930 年和 1931－1960 年两段各 30 年的记录,作为全世界统一的资料统计年代。我国气候资料的统计根据中国气象局的规定(1951－1980 年全国地面基本气候的统计方法)进行。

一、平均值、众数及中位数

1. 平均值

平均值是基本气候资料中最常用的统计量。平均值计算简便,意义明确。以各个要素平均值绘制的等值线图不但能比较各地气候差异,还能显示气候形成的规律。例如,从等温线图可以看出各地的冷暖,根据气压分布图可以看出气流的运行,也可以分析出这些气流带来怎样的气团等。

平均值的统计方法有算术平均值和滑动平均值两种。

①算数平均值

算数平均值的求法,是先将某个气象要素的数值,逐时或逐日(或逐候、逐旬、逐月、逐年)的相加,再除以相加的次数,就可以得到该气候要素在一日(或一月、一年、多年)的算数平均值。如多年平均值为某要素逐年同期的平均值,即该要素在相当长(至少连续 30 年)的时期内平均所得的数据。

多年平均值($\overline{X}$)的计算式为

$$\overline{X} = \frac{1}{n} \sum_{i=1}^{n} X_i \qquad (8.7)$$

式中:X_i 表示该要素逐年值(其中 $i = 1, 2 \cdots, n$),n 表示年数。

【例8.7】　表 8.6 为西安市 1951－1980 年降水量,求西安市 1951－1980 平均降水量。

解:根据公式(8.7),西安市 1951－1980 平均降水量为:

$$\overline{X} = \frac{1}{n}\sum_{i=1}^{n} X_i = \frac{17405.7}{30} = 580.2 \text{ mm}$$

表 8.6 西安年降水量变率(1951—1980 年)

年份	年降水量 (mm)	距平 (mm)	相对变率 (%)	年份	年降水量 (mm)	距平 (mm)	相对变率 (%)
1951	528.1	−52.1	−9.0	1968	629.4	+49.2	8.5
1952	801.6	+221.4	+38.2	1969	409.4	−170.6	−29.4
1953	553.9	−26.3	−4.5	1970	663.3	+83.1	+14.8
1954	624.7	+62.3	+10.8	1971	555.7	−24.5	−4.2
1955	592.0	+11.8	+2.0	1972	526.0	−54.2	−9.3
1956	585.9	+5.7	+1.0	1973	548.3	−31.9	−5.5
1957	744.6	+164.4	+28.3	1974	626.7	+46.5	+8.0
1958	840.6	+260.4	+44.9	1975	671.7	+91.5	+15.7
1959	386.1	−194.1	−33.5	1976	513.8	−66.4	+11.4
1960	564.6	−15.6	−2.7	1977	346.2	−234.0	+40.3
1961	622.9	+42.7	+7.4	1978	530.0	−50.2	−8.7
1962	558.1	−22.1	−3.8	1979	491.1	−89.1	−15.4
1963	584.9	+4.7	+0.8	1980	512.0	−68.2	−11.8
1964	783.8	+203.6	+35.1	合计	17405.7	(2495.3)	(430.2)
1965	561.2	−19.0	−3.3	平均	580.2	(83.2)	(14.3)
1966	488.2	−92.0	−15.9	最多	840.6	+260.4	+44.9
1967	542.7	−37.5	−6.5	最少	346.2	−234.0	−40.3

②滑动平均值

在研究气候长期变化时,常采用十年滑动平均值来观察某一气候要素的演变情况。以表 8.6 西安降水为例,将起始年(1951 年)到第十年(1960 年)的降水取平均值,再计算第二年(1952 年)到第十一年(1961 年)的平均值,这样依次类推,将所有的十年平均值都求出来,就可以得出西安 1951—1980 年降水的十年滑动平均值。将西安 1951—1980 年各年的降水量曲线与同期十年滑动平均曲线做对比(如图 8.1 所示),后者曲线比较平滑。

滑动平均数可以滤去气象资料中的一些短期不规则变化,从而可以找出气象要素的较长时间的变化规律,用以研究气候的变化趋势或变化周期,为中长期天气预报提供参考依据。

平均值的使用也有一定的局限性,只有当气候要素的逐日和逐年变化十分稳定时,平均值才能正确地表述气候,但地球上很大部分地区气候状况是不稳定而多变的,因此,需要其他指标来补充说明。

2. 众数

众数是指某一气象要素的一列数值中出现频数最多的数值,它能代表大多数的情况。众数一般是在求算平均值已没有代表意义,而又需要知道出现次数最多的数值时应用。例如风向,求其平均值就没有代表意义,不能说北风(0°)与南风(180°)的平均值就是东风(90°),但却需要知道该地某一时间段内出现最多的风向是什么。如表 8.7 为北京某年 1 月

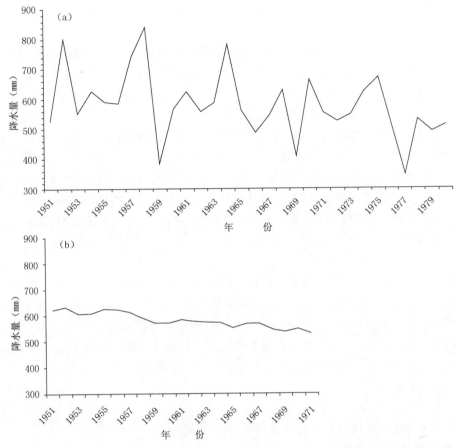

图 8.1　西安 1951—1980 年各年的降水量曲线(a)与同期 10 年滑动平均曲线(b)

份风向出现次数。由表 8.7 可以看出,北风出现的次数最多,达 140 次,因此,北风为北京 1 月份风向的众数。

表 8.7　北京某年 1 月份风向出现次数

风向	N	NE	E	SE	S	SW	W	NW
次数	140	100	92	70	67	50	83	116

3. 中位数

将某气象要素观测数值按大小顺序排列起来,如这一组数列为奇数,则居中的数值就是中位数;如这一组数列为偶数,则计算中间两个数值的平均值作为中位数。它也是当某一气象要素(如干燥地区的降水量)的平均值没有实际意义时采用。

二、极值和较差

1. 极值(极端值)

平均值只能表示某一气候要素在一定时期内的平均状况,而不能说明某个气候要素的变化情况。例如甲、乙两地日平均气温皆为 16℃,但甲地的最高气温为 28℃,最低气温为 4℃;乙地的最高气温为 19℃,最低气温为 13℃。可见这两地气温变化范围大不一样。为了要了解气候要素的变化情况,因此,气候资料中,不但要考虑平均值,也要考虑极值以及各种可能值所发生的次数和变化性。

极值是指某气象要素自有观测记录以来的极端数值或在某特定时段的极端数值,常用的有绝对极值和平均极值两种。绝对极值是从某要素在某时段的全部极值观测记录中挑选出的最极端数值。如西安市在 1951—1980 年的 30 年间,绝对最高气温曾达到 41.7℃ (1966 年 6 月 19 日及 6 月 21 日),绝对最低气温为 −20.6℃(1955 年 1 月 11 日)。

绝对极值同记录的年代有关,记录的年代不同,绝对极值就可能不同。

接近绝对极值的情况是很少出现的,所以为了得到一般极端情况的概念,还需计算平均极值。平均极值是指对每天观测到的某项极值(如最高温度)进行平均的结果。例如将某地某年 7 月份每日最高温度相加,除以日数就得到该地该年 7 月平均最高气温,同理也可求得 1 月平均最低气温。如西安市在 1951—1980 年的 30 年间,7 月平均最高气温为 32.4℃,1 月平均最低气温为 −5.0℃。

2. 较差

又称振幅,是指同一时期内最大值和最小值之差。绝对较差是指所统计时期内某个气象要素的最大变动范围。例如在撒哈拉沙漠中的比尔−米哈(1878 年 12 月 25 日)白天最高气温达 37.2℃,而夜间最低气温为 −0.6℃,气温的绝对日较差为 37.8℃。

平均最大值和平均最小值之差,称为平均较差。例如某年维尔霍扬斯克月平均最低气温为 −50.1℃,月平均气温最大值为 15.1℃,则气温年较差为 65.2℃。

三、变率

表示气象要素观测序列变动程度的数量,有以下几种:

1. 绝对变率(d_i),又称距平

是某年、月的某要素 (X_i) 与该要素多年平均值 $(\overline{X})$ 之差,统计时取一位小数,其计算式为

$$d_i = X_i - \overline{X} \tag{8.8}$$

若 $d_i > 0$,称为正距平,$d_i < 0$ 为负距平。如西安市 1952 年降水距平值为 +221.4 mm,是正距平;1951 年降水距平值为 −52.1 mm,是负距平(表 8.6)。距平可反映某气象要素某年偏离平均值的绝对数值。

绝对变率仅适用于气候要素在不同年份的相互比较,但在农业生产上,往往需要了解某地气候要素多年内发生的平均变化大小,因此,需要引出平均绝对变率。

2. 平均绝对变率($\overline{d}$)

是某气象要素距平绝对值的多年平均值。其计算式为:

$$\overline{d} = \frac{1}{n} \sum_{i=1}^{n} |X_i - \overline{X_i}| = \frac{1}{n} \sum_{i=1}^{n} |d_i| \tag{8.9}$$

式中:n 为资料记录的年数。平均绝对变率反映某气象要素历年变动的平均状况。

但是,如果不同地区间同一气候要素的多年平均值不相等(或不相近)。如:甲地多年年平均降水量为 320 mm,其平均绝对变率是 32 mm;乙地的多年平均降水量为 1600 mm,其平均绝对变率也是 32 mm。虽然两地的平均绝对变率相同,但甲地的平均绝对变率占平均降水量的 1/10,而乙地的只占 1/50,几乎可以忽略不计。为消除气候要素的平均值对变率的影响,通常需要统计相对变率。

3. 相对变率(D_i),又称相对距平或距平百分率

是某要素某年、月的绝对变率(d_i)与平均值(X)之比,用百分率表示。统计时取整数,小数四舍五入,其计算式为

$$D_i = \frac{d_i}{x} \times 100\% \tag{8.10}$$

相对变率可正可负,它表示某气象要素偏离平均值的程度,反映气候要素变化的程度。D_i 也有正负之分,正值表示偏多的程度,负值表示偏少的程度。在气候研究中,相对变率常用于以下三个方面:①同一地区、同一时段不同气候要素之间的比较;②同一地区、同一气候要素、不同时段之间的比较;③同一气候要素、同一时段、不同地区之间的比较。

相对变率只能反映气候要素在单一时段上的变动情况,而在整个时期的变动情况的比较则需要用平均相对变率。

4. 平均相对变率($\overline{D}$),简称变率

是某气象要素的平均绝对变率与平均值之比,用百分率表示。统计时取整数,小数四舍五入,其计算式为

$$V = \frac{\overline{d}}{\overline{X}} \times 100\% \tag{8.11}$$

平均相对变率能反映出:①不同地区、相同时段的气候要素变化程度;②同一地区,不同时段气候要素的变动程度。

气候学中一般把平均相对变率称为"变率",变率的大小表示气候要素年际间变化的程度。其中降水变率是使用较广的一种统计量,常用来比较不同地区降水的多年变化特征和旱涝特征。例如,开罗和仰光两地降水量的平均绝对变率均是 17 mm,年平均降水量分别是 34 mm 和 2540 mm,所以开罗的年降水量平均相对变率为 17/34＝50％,而仰光则为 17/2540＝0.68％,这表明开罗降水量的年际变化很大,而仰光的年降水量的年际变化很小,年降水量相当稳定。显然平均相对变率小的,平均值代表性好,否则反之。西安市 1951－1980 年降水量的平均相对变率为 14.3％(表 8.6)。

四、气候图表

气候资料可根据需要列成表格或绘制成气候图,以表示气候特征。

1. 气候资料表

列表时应注明表的名称、时间、地点及单位。如表 8.8 为 1951－1980 年西安的平均气温和平均降水量,由表 8.8 可见,西安 7 月最热,1 月最冷;7 月和 9 月两个月多雨,4－10 月为多雨时段,而 11 月到次年 3 月为相对少雨时段。

表 8.8　西安市平均气温与平均降水量(1951－1980 年)

月份	1	2	3	4	5	6	7	8	9	10	11	12	年
气温(℃)	−1.0	2.1	8.1	14.1	19.1	25.2	26.6	25.5	19.4	13.7	6.6	0.7	13.3
降水量(mm)	7.6	10.6	24.6	52.0	63.2	52.2	99.4	71.7	98.3	62.4	31.5	6.7	580.2

2. 气候图

作图时应注明图名、时间、地点、坐标名称及单位。

（1）直角坐标图

由原点及纵横坐标组成,一般纵坐标表示气象要素值,横坐标表示时间,它可反映气象要素随时间的演变特征。

①直方图

用长方形立柱高低表示气象要素随时间的变化,常用于随时间变化连续性较差的气象因素,如雨日、旬、月降水量等。图 8.2 为西安市月平均降水量直方图（1951—1980 年）。

作直方图时应将月份或日期标在该月（日）横坐标下方的中间。

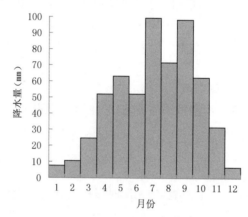

图 8.2　西安市月平均降水量直方图(1951—1980 年)

②曲线图

以曲线表示要素随时间的变化,常用于随时间变化连续性较好的气象要素,如温度、湿度年、月变化曲线图等。图 8.3 为西安市月平均气温变化曲线图（1951—1980 年）。

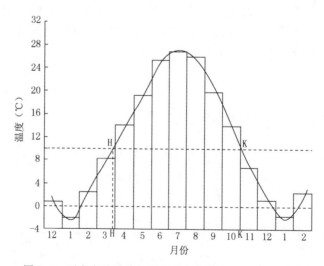

图 8.3　西安市月平均气温年变化曲线(1951—1980 年)

（2）极坐标图

由原点和矢线组成,矢线可表示方向和大小。如常见的风向频率图即为极坐标图,风向一般用 8 或 16 个方位,矢线长短表示风向频率,连接各方位频率成闭合折线似玫瑰形状,故又称风玫瑰图。

【例 8.8】 试用表 8.9 的资料作风向频率图。

表 8.9 西安市 4 月平均风向频率（1951－1980 年）　　　　　单位：%

风向	N	NNE	NE	ENE	E	ESE	SE	SSE	S	SSW	SW	WSW	W	WNW	NW	NNW	C
频率	3	6	16	7	4	2	4	2	4	6	9	5	5	2	2	2	23

（ⅰ）确定原点和频率 1% 所对应的单位长度（2.5 mm），以原点为中心，以单位长度为半径作单位圆，中间填入静风频率 23。

（ⅱ）以原点为圆心，单位圆为零点，作四个同心圆，其半径为 4%、8%、12%、16%，且把大圆分为十六等分，标上十六方位，通过圆心作各方位单位圆和大圆连线，在 S 方位线上标上风向频率坐标。

（ⅲ）用直线连续各相邻方向线上的频率组成封闭折线图，如图 8.4 所示。

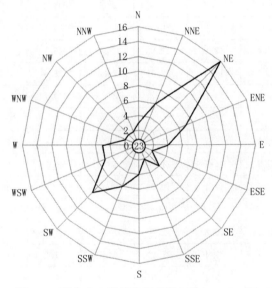

图 8.4 西安市 4 月风向频率图（1951－1980 年）

第四节　几个农林气候指标的统计方法

农林气候资料的整理方法与气候资料的整理方法基本相同，有些项目的统计方法也相同。但须注意，农林气候资料要按农业生产的需要进行整理，为了便于进行地区间的比较分析，也必须注意使用统一的统计方法。农林气候资料也可根据需要制成各种图表或用农林气候指标表示。本节介绍常用的几个农林气候指标的统计方法。

一、稳定通过某界限温度起止日期和积温的计算

在实际工作中，常常需要求算日平均温度稳定通过 0℃、5℃、10℃、15℃、20℃ 等农业界限温度的起止日期、持续日数和积温，其统计方法根据不同的要求有两种：五日滑动平均法

和图解法。

1. 五日滑动平均法

该法适于用逐日平均气温确定稳定通过某界限温度的初、终日期，持续日数和积温，即在一年中任意连续五日日平均气温的平均值均大于等于某界限温度的最长一段时间内，挑取最先一个日平均温度大于等于某界限温度的日期为初日，挑取最后一个日平均气温大于等于某界限温度的日期为终日。再由初日和终日计算日平均气温稳定通过某界限温度的持续日数、活动积温和有效积温。

【例8.9】 用五日滑动平均法确定武功1975年日平均气温稳定通过10℃的初、终日期、持续日数和积温，数据资料见表8.10。

表8.10 武功1975年3—11月逐日平均气温 单位：℃

日期	3月	4月	5月	6月	7月	8月	9月	10月	11月
1	4.8	7.5	10.4	24.5	26.0	26.6	21.0	15.2	10.0
2	5.2	7.5	10.5	19.8	22.5	26.3	19.8	15.2	9.7
3	4.3	9.6	11.7	20.5	22.0	25.5	19.4	14.1	10.1
4	1.9	12.4	13.0	22.0	24.3	26.7	17.2	13.4	10.5
5	3.4	14.6	14.6	22.1	26.4	26.5	17.9	15.7	9.1
6	5.0	8.7	14.2	22.7	27.2	26.7	18.3	19.0	9.0
7	5.0	13.2	16.3	24.7	25.0	25.6	20.1	17.1	10.2
8	7.6	12.5	15.2	21.2	20.8	2.4	22.8	16.4	9.3
9	8.3	15.9	14.1	21.7	18.0	2.6	23.0	16.5	8.5
10	9.0	12.7	17.1	19.3	20.2	26.4	20.2	15.9	6.1
上旬计	55.4	113.5	137.1	218.6	232.4	260.3	198.7	153.5	92.5
11	7.2	12.2	18.8	22.4	22.9	28.0	18.4	15.4	6.8
12	5.0	12.6	17.4	21.2	24.7	27.2	16.9	14.6	9.1
13	3.1	16.0	19.1	25.8	26.3	27.3	14.7	13.1	6.4
14	7.5	14.3	19.8	25.7	20.8	26.4	16.1	13.4	8.2
15	7.1	14.0	18.4	19.5	28.0	25.4	18.2	14.1	8.8
16	9.1	1.25	17.6	21.5	29.1	25.2	19.3	13.4	8.6
17	8.1	11.5	15.9	23.3	29.7	25.9	20.8	13.1	6.3
18	11.0	8.6	16.5	26.8	29.6	26.7	22.3	12.8	5.8
19	12.0	9.6	16.1	27.4	28.0	24.1	19.3	13.1	3.3
20	8.8	12.2	16.8	28.5	27.6	25.3	17.9	13.3	5.7
中旬计	78.9	123.5	176.4	245.1	271.7	261.5	183.9	136.3	69.0
21	11.0	13.7	17.3	24.5	29.6	25.9	15.0	12.4	5.3
22	13.5	15.1	19.6	23.3	26.4	26.5	15.3	12.1	2.3
23	8.6	14.1	20.3	25.7	26.4	28.2	15.3	9.1	−1.0

日期	3 月	4 月	5 月	6 月	7 月	8 月	9 月	10 月	11 月
24	11.1	14.1	17.3	26.9	26.5	27.7	15.2	9.5	−0.1
25	12.1	15.1	18.1	25.3	22.9	26.2	16.6	9.9	4.2
26	7.6	13.4	15.9	22.5	22.2	20.0	16.8	11.2	2.9
27	7.6	14.7	18.8	23.2	23.6	21.9	17.0	13.1	6.0
28	9.8	15.9	19.5	26.2	25.4	24.5	15.5	11.2	4.4
29	11.3	13.2	21.8	27.1	25.3	24.7	14.8	9.9	3.7
30	10.5	12.2	22.1	26.2	27.4	26.9	15.2	8.1	4.1
31	10.7		21.4		26.8	26.8		7.2	
下旬计	113.8	140.6	212.1	249.4	281.5	279.3	157.0	113.7	31.8
月计	248.1	377.6	525.6	713.1	785.6	801.1	539.6	408.5	193.3

(1)确定日平均气温均大于10℃的最长时段

由武功1975年3—11月逐日平均气温资料(表8.10)可知,4月20日到10月22日的日平均气温均大于10℃,是日平均气温大于10℃的最长时段。

(2)确定日平均气温稳定通过10℃的初日

由4月20日向前计算每连续五日的平均气温(表8.11),可知4月2日的$\bar{t_i}$小于10℃,4月3日$\bar{t_i}=10.1℃$,为第一个大于等于10℃的五日日平均气温,且以后各五日日平均气温均大于10℃,则在4月1—5日时段中挑出第一个日平均气温大于或等于10℃的日期是4月4日,其日平均气温为12.4℃,故武功1975年春季稳定通过10℃的初日是4月4日。

表8.11　稳定通过10℃初日计算

日期	日平均气温(℃)	时段	五日平均温度(℃)
3 月 31 日	10.7		
4 月 1 日	7.5		
4 月 2 日	7.5	31—4	9.5
4 月 3 日	9.6	1—5	10.1
4 月 4 日	12.4	2—6	10.3
4 月 5 日	13.5	3—7	11.5
4 月 6 日	8.7	4—8	12.1
4 月 7 日	13.2	5—9	12.8
4 月 8 日	12.5	6—10	12.6
4 月 9 日	15.9	7—11	13.3
4 月 10 日	12.7	8—12	13.2
4 月 11 日	12.2	9—13	13.7
4 月 12 日	12.6	10—14	13.6

续表

日期	日平均气温（℃）	时段	五日平均温度（℃）
4 月 13 日	16.0	11—15	13.8
4 月 14 日	14.3	12—16	13.9
4 月 15 日	14.0	13—17	13.7
4 月 16 日	12.5	14—18	12.2
4 月 17 日	11.5	15—19	11.2
4 月 18 日	8.6	16—20	10.9
4 月 19 日	9.6	17—21	11.1
4 月 20 日	12.2	18—22	11.8
4 月 21 日	13.7		
4 月 22 日	15.1		
4 月 23 日	>10.0		

（3）确定日平均气温稳定通过 10℃ 的终日

从 10 月 22 日起向后计算每连续五日的日平均气温（表 8.12），可知 10 月 29 日的 $\bar{t}_i$ 小于 10℃，10 月 28 日 $\bar{t}_i$＝10.7℃，为最末一个大于或等于 10℃ 的五日的日平均气温，且以前各五日日平均气温均大于 10℃，则在 10 月 26 日—30 日时段中挑最末一个日平均气温大于或等于 10℃ 的日期是 10 月 28 日，其日平均气温为 11.2℃，故武功 1975 年秋季稳定通过 10℃ 的终日是 10 月 28 日。

表 8.12　稳定通过 10℃ 终日计算

日期	日平均气温（℃）	时段	五日平均温度（℃）
10 月 19 日	>10.0		
10 月 20 日	13.3		
10 月 21 日	12.4		
10 月 22 日	12.1	20—24	11.3
10 月 23 日	9.1	21—25	10.6
10 月 24 日	9.5	22—26	10.4
10 月 25 日	9.9	23—27	10.6
10 月 26 日	11.2	24—28	11.0
10 月 27 日	13.1	25—29	11.1
10 月 28 日	11.2	26—30	10.7
10 月 29 日	9.9	27—31	9.9
10 月 30 日	8.1		
10 月 31 日	7.2		

（4）计算日平均气温稳定通过 10℃ 的持续日数。

日平均气温稳定通过 10℃ 的持续日数指包括初日和终日在内的初、终日期之间的日数。

计算日平均气温稳定通过 10℃ 的持续日数，可先查附录 9 得初日和终日的累计日数，再按下式计算：

$$N = m_2 - m_1 + 1 \tag{8.12}$$

式中：N 为持续日数，m_2、m_1 分别为终日和初日在附录 9 的累计日数。

武功 1975 年稳定通过 10℃ 的初日和终日分别为 4 月 4 日及 10 月 28 日，查附录 8 得累计日数分别为 94 及 301，则武功 1975 年日平均气温稳定通过 10 的持续日数为

$$N = 301 - 94 + 1 = 208 \text{ d}$$

（5）计算日平均气温稳定通过 10℃ 的活动积温

日平均气温稳定通过 10℃ 的活动积温即初、终日之间大于等于 10℃ 的日平均气温之和，其计算式为

$$T_a = \sum_{i=1}^{n} \bar{t}_i \ (\bar{t}_i \geqslant 10℃) \tag{8.13}$$

或者

$$T_a = T_{a4} + T_{a5} + T_{a6} + T_{a7} + T_{a8} + T_{a9} + T_{a10}$$

式中：$T_{a4}, T_{a5}, \cdots T_{a10}$ 分别为 4—10 月各月大于等于 10℃ 的日平均气温之和。

由于武功 1975 年 4 月 4 日—10 月 28 日期间共有六天日平均气温小于 10℃，即 4 月 6 日，4 月 18—19 日、10 月 23 日—25 日，故计算 4 月和 10 月活动积温时应为零看待，不参与统计，5—9 月活动积温即为各月的日平均气温月合计值。则计算结果为

$$T_a = 326.1 + 525.6 + 713.1 + 785.6 + 801.1 + 539.6 + 354.3 = 4045.9 (℃ \cdot d)$$

（6）计算日平均气温稳定通过 10℃ 的有效积温

日平均气温稳定通过 10℃ 的有效积温为初、终日之间大于等于 10℃ 的有效温度之和，其计算式为：

$$T_e = \sum_{i=1}^{n} t_i \ (t_i \geqslant 10℃) \tag{8.14}$$

即

$$T_e = T_a - 10.0 \times n$$

式中：n 为初、终日之间大于等于 10℃ 的日数。

由于武功 1975 年 4 月 4 日—10 月 28 日期间共有六天日平均气温低于 10℃，不参与有效积温统计，则 $n = 208 - 6 = 202$（天），故武功 1975 年日平均气温稳定通过 10℃ 的有效积温为

$$T_e = 4045.9 - 10.0 \times 202 = 2025.9 (℃ \cdot d)$$

2. 图解法（直方图法）

图解法适用于用某地月平均气温多年平均值确定该地日平均气温稳定通过某界限温度起止日期和积温的多年平均值。该法先绘制某地月平均气温多年变化曲线，由曲线与某界限温度和交点可确定稳定通过某界限温度的起止日期和积温的多年平均值。

【例 8.10】 用图解法确定西安市 1951—1980 年稳定通过 10℃ 的初终日期、持续日数和积温的三十年平均值。

(1)绘制多年月平均气温直方图

在坐标纸上,横坐标表示月份和日期,一小格代表一日,按各月实有日数确定坐标,2月份取28天,将月份标在该月横坐标下方的中间,为以后作曲线图方便,前边增加12月,后边增加1月和2月。纵坐标表示月平均气温,一小格代表0.1℃,以最冷月平均气温为起点确定坐标。将各月气温点在该月月中的相应日期上(大月点在16日上,小月点在15日,2月点在14日),作直方图,使图中各长方形底边等于该月日数,高等于该月平均气温。

(2)绘制月平均气温年变化曲线

连接各月(除最热和最冷月外)长方形上边中点成为一条光滑曲线,应使每个长方形被曲线切去的面积与增加面积相等,然后再连接最冷月和最热月长方形中点,应注意使最冷月被切去的一个弧形面积与划入两个近似三角形面积相等。而最热月切去的两个近似三角形面积与划入一个弧形面积相等。当最冷月与最热月的两相邻月份温度不等时,曲线的顶点与最低点未必居最热月和最冷月长方形上边中点,其顶应偏于相邻月平均气温较高的一侧,最低点亦偏于相邻月平均气温较低一侧。

(3)确定日平均气温稳定通过10℃的初终日期

作一温度为10℃的水平线与上述曲线相交点的横坐标为H、K,则H为初日,K为终日。如图8.4中H点3月27日为初日,K点10月31日为终日。

(4)计算日平均气温稳定通过10℃的持续日数

统计方法同五日滑动平均法,查附录9得初日3月27日和终日10月31日的累计日数分别为86和304,则西安市1951—1980年日平均气温稳定通过10℃的持续日数为

$$N = 304 - 86 + 1 = 219(d)$$

(5)计算日平均气温稳定通过10℃的活动积温

计算公式同五日滑动平均法,即活动积温

$$T_a = T_{a3} + T_{a4} + T_{a5} + T_{a6} + T_{a7} + T_{a8} + T_{a9} + T_{a10}$$

式中:$T_{a3}, T_{a4}, \cdots T_{a10}$分别为3—10月各月大于等于10℃的日平均气温之和。

由图8.3可见,4—10月平均气温大于10℃,因此,4—10月的活动积温为各月的平均气温乘上各月实有日数再相加可得,3月的活动积温是曲线边梯形的面积,上下底边分别为10.0℃和10.8℃,高为5 d。

西安市1951—1980年日平均气温稳定通过10℃的活动积温计算结果见表8.13。

表8.13 西安市活动积温(≥10℃)计算表 　　　　　(单位:℃·d)

T_{a3}	1/2(10.0+10.8)×5=52.0
T_{a4}	14.1×30=423.0
T_{a5}	19.1×31=592.1
T_{a6}	25.2×30=765.0
T_{a7}	26.6×31=824.6
T_{a8}	25.5×31=790.5
T_{a9}	19.4×30=582.0
T_{a10}	13.7×31=424.7
T_a	4453.9

（6）计算日平均气温稳定通过 10℃ 的有效积温

计算公式同五日滑动平均法，即有效积温

$$T_e = T_a - 10.0 \times n$$

西安市 1951—1980 年日平均气温稳定通过 10℃ 的有效积温为

$$T_e = 4053.9 - 10.0 \times 219 = 2263.9(\text{℃} \cdot \text{d})$$

二、频率和保证率的统计方法

1. 频率

是相对频率的简称，它是指某一现象若干次观测中实际出现的次数与观测（或试验）总次数之百分比。

$$f(A) = \frac{m}{n} \times 100\% \tag{8.15}$$

式中：$f(A)$ 为频率，m 为频数，即某现象 A 在若干次观测中实际出现的次数，n 为观测总次数。

如某地 30 年中有 14 年出现霜冻，则该地发生霜冻的频率为

$$f(A) = \frac{14}{30} \times 100\% = 47\% \tag{8.16}$$

频率是一个相对数，没有单位，它总是在 0～100% 之间变动着。计算频率时，只取整数，小数按四舍五入处理。

2. 保证率

是指某时段内某一气象要素值高于或低于某一界限的频率的总和。它能说明出现某种现象的可靠程度。

求算保证率的方法主要有分组法和经验频率法。

（1）分组法

统计方法如下：

①根据需要，将气候要素序列由大到小（求高于某界限的保证率时）或由小到大（求低于某界限的保证率时）进行排列。

②确定组数、组距和组限

组数应不超过 $N = 5\lg n$（N 为组数，n 为资料年代数），一般以 6～8 组为宜。各组的组距必须相等。组限是各组的界限，在求高于某界限的保证率时，较小值为下限，较大值为上限，在求低于某界限的保证率时，较大值为下限，较小值为上限。

③统计各组出现的次数（频数）、频率。

④将各组的频率依次累加，即得各界限的保证率。

【例 8.11】 用分组法求算西安市 1951—1980 年高于 600 mm 的降水保证率。

①将西安市 1951—1980 年降水量由大到小排列，最大值 840.6 mm，最小值 346.2 mm。

②组数 $N = 5\lg 30 = 7.39 \approx 7$，因组距取 100 mm 方便，组数取六组。较大值为上限，较小值为下限。

③各组出现的频数、频率及各界限保证率见表 8.14。

④由表 8.14 可见，西安市 1951—1980 年降水量高于 600 mm 的保证率是 34%。

表 8.14　西安市降水量保证率统计表(1951－1980 年)

组序号	组限(mm)	频数(a)	频率(%)	保证率(%)
1	899.9－800.0	2	7	7
2	799.9－700.0	2	7	14
3	699.9－600.0	6	20	34
4	599.9－500.0	15	50	84
5	499.9－400.0	3	10	94
6	399.9－300.0	2	7	100

(2)经验频率法

将资料由最大值至最小值或由最小值至最大值顺序排列,根据经验公式求算保证率

$$p(A)=\frac{m}{n}\times100\%\tag{8.17}$$

式中:$p(A)$ 为保证率,m 为累积频率(序号),n 为总样本数。

【例 8.12】　用经验频率法求算西安市 1951－1980 年降水量高于 600 mm 的保证率。

①将西安 1951－1980 年降水量由大到小排列成一个序列,最大值 840.6 mm,最小值 346.2 mm,共 30 年。

②给这序列以顺序编号 1、2…30。

③按公式 $p(A)=\frac{m}{n}\times100\%$ 计算。

④高于 600mm 的降水量保证率为 33.3%(见表 8.15)。

表 8.15　西安市年降水量保证率计算(1951－1980 年)

年降水量(mm)	m	$p=\frac{m}{n}\times100\%$	年降水量(mm)	m	$p=\frac{m}{n}\times100\%$
840.6	1	3.3	558.1	16	53.3
801.6	2	6.7	555.7	17	56.7
783.8	3	10.0	553.9	18	60.0
744.6	4	13.3	548.3	19	63.3
671.7	5	16.7	542.7	20	66.7
663.3	6	20.0	530.0	21	70.0
642.7	7	23.3	528.1	22	73.3
629.4	8	26.7	526.0	23	74.2
626.7	9	30.0	513.8	24	76.7
622.9	10	33.3	512.0	25	83.3
592.0	11	36.7	491.1	26	86.7
585.9	12	40.0	488.2	27	90.0
584.9	13	43.3	409.6	28	93.3
564.6	14	46.7	386.1	29	96.7
561.2	15	50.0	346.2	30	100.0

3. 保证率曲线图

人们经常需要了解某气候要素,例如降水量大于或等于某一数值时,其出现的可能性,也即保证率有多大?有时也需要了解保证率为某一定值(如 100％)时,到底降水量有多少?保证率曲线可以解决这些问题。保证率曲线图的制作方法如下。

在坐标纸上,以横坐标表示农林气候要素值,纵坐标表示保证率,将降水量组限的下限值和对应的保证率作为一组坐标即[下限值(mm),保证率(％)],将各点点在图上,然后将各点连接成一条平滑曲线,即为保证率曲线。如图 8.5 为用分组法计算的 1951—1980 年西安市降水量保证率曲线图。

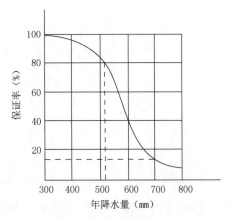

图 8.5　西安市降水保证率曲线图(1951—1980 年)

保证率曲线图有两方面用途:

(1)若知道某地气候要素的保证率,可以从保证率曲线图中查出某要素值。如从图 8.5 中可知,西安市降水量保证率达 80％,仅为 520 mm。

(2)若知道某要素值,可以从保证率曲线图中查出要素值的保证率,如从图 8.5 中可知,西安市降水量达 700 mm 的保证率为 14％。

三、平均初(终)霜日期的计算

根据历年气象记录年报表中的初(终)霜日期求算多年平均日期,常采用假定平均值计算方法,计算公式

$$\overline{X} = \overline{X'} + C \tag{8.18}$$

式中:$\overline{X}$ 为所求的平均初(终)霜日期,$\overline{X'}$ 为假定平均初(终)霜日期,C 为校正数。

校正数 C 的计算公式为:

$$C = \frac{1}{n} \sum_{i=1}^{n} (X_i - \overline{X'}) \tag{8.19}$$

式中:n 为统计的年数,X_i 为各年的初(终)霜日期,$\overline{X'}$ 同上。为计算方便,假定平均初(终)霜日期 $\overline{X'}$ 可取大多数年份初(终)霜日期所在月的上月最后一天。须注意,如求得的平均日期有小数,则一律进位。

【例 8.13】 用假定平均值计算方法求咸阳市 1971—1980 年度平均终霜日期。

①确定假定平均终霜日期 $\overline{X'}$

由表 8.16 可见,咸阳市 1971—1980 年度终霜日期在 3、4 月之间,故假定平均值 $\overline{X'}$ 可定为 3 月 31 日。

②计算各年的 $X_i - \overline{X'}$,见表 8.16。

③计算校正数 $C = \dfrac{1}{n}\displaystyle\sum_{i=1}^{n}(X_i - \overline{X'}) = -4.6(日)$

④计算平均终霜日期 $\overline{X}$ = 3 月 31 日 - 4.6(日)= 3 月 26.4 日,小数进位,则咸阳市 1971—1980 年度平均终霜日期为 3 月 27 日。

表 8.16　咸阳市平均终霜日期计算表(1971—1980 年度)

年度	终霜日期(月-日)	$X_i - \overline{X'}$	年度	终霜日期(月-日)	$X_i - \overline{X'}$
1971—1972	4-10	10	1978—1979	4-02	2
1972—1973	3-07	−24	1979—1980	4-01	1
1973—1974	4-02	2	1980—1981	3-07	−24
1974—1975	3-15	−16	$\overline{X'}$	3-31	
1975—1976	3-30	−1	C		−4.6
1976—1977	4-19	19	$\overline{X}$	3-27	
1977—1978	3-16	−15			

上例也可查附录 9 得各年终霜日期的累计日数,求出平均累计日数为 85.4,再查附录 9 得平均终霜日期为 3 月 26.4 日,小数进位,得咸阳市 1971—1980 年度平均日期为 3 月 27 日。

已知其他气象要素及稳定通过某农业界限温度的历年初(终)日期求算其多年平均日期,均可用上法计算。

【实习思考题】

1. 气象观测月报表统计的原则和方法是什么?

2. 掌握资料订正的差值法和比值法。

3. 如何绘制风速、风向频率图?此图在农业生产中有什么作用?

4. 气候资料常用的统计指标有哪些?分别应用于哪些方面?

5. 五日滑动平均法和直方图法在统计方法和应用范围上有何不同?

6. 保证率的用途是什么?如何计算保证率?

第九章　农林小气候观测

农林小气候观测的目的是分析、研究各种农林小气候和经人工调节了的小气候变化规律,它是因农业研究工作需要而进行的。其观测项目、使用仪器或观测次数、时间、方法等可与大气候观测不同,须根据农业研究目的自行设计。如研究小麦密植后的农田小气候,通常要测定植株内不同高度的温度、湿度和光照,以便找出最经济利用光能的密度。若只是为了研究小麦灌溉后的温度和湿度,就只需作湿、温度的观测。又如为作熏烟防霜冻的效果检验,在作物地块内只进行温度观测即可。因此,进行农林小气候观测时,必须目的明确,要求具体,同时遵循下列原则:

1. 必须进行平行观测,这是农业气象研究的基本方法,即观测农林小气候条件的同时还要观测农作物的生育状况,以揭示农林小气候对农作物生长发育的影响。

2. 必须进行对比观测,如观测有作物生长的农林小气候时也选择其他条件相同的裸地对比观测,以揭示农林小气候的特点和规律。

3. 保持观测场所的自然状况,尽量减少对自然状况的破坏,减少人为的影响。

第一节　观测点的选择

一、观测点的选择原则

根据农业研究工作的需要,农林小气候多半进行定点观测。正确选点是农林小气候观测的首要任务,需注意以下原则。

1. 代表性

测点应具有代表性,可根据当地的一般情况和研究目的确定。如研究小麦田的小气候时不但要求地段周围的环境、土壤性质、地形、地势、小麦品种及农业技术措施等条件代表当地的一般情况,同时还要把测点选在植株生长比较均匀的地段。

2. 比较性

任何一种小气候特点,都要通过若干地段的平行观测(各点同一时间进行观测)相互比较才能得出。为此,必须要有对照地段。观测地段与对照地段,除了要进行比较的条件(如密度、灌溉、深耕等)不同外,其他条件都要相同,这样才能揭露出它们的差异特点。

3. 小气候独立性

应该尽量使观测点远离对该地小气候有严重影响的周围条件,如水池、高大建筑物、林丛、小丘或坡地等。如果不是为了特殊的目的,则不能选择这些地方的近处作为观测点。

二、测点的种类及大小

1. 种类

测点可分为基本测点和辅助测点两种。

（1）基本测点是主要观测点。要求能反映该地农林小气候特点。因此,基本测点应选在最有代表性的地段上,如观测农田小气候应尽量设在田块中央,决不能设在两个不同田块的交界处。在该测点上观测项目应较完备,观测时间较固定。

（2）辅助测点是为弥补基本测点资料不足而设的。它可以是固定的,也可以是流动的,由研究目的而定。观测项目、高度、次数、时间尽可能与基本测点一致,以便于比较。若人力、仪器不足,可适当减少。

如进行灌溉农田小气候观测,可在灌溉农田(非灌溉农田)的中央设基本测点,在灌溉地边设置辅助测点,以了解四周流到灌溉地的空气影响,如图9.1所示。

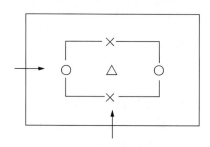

△为基本测点;○和×为辅助测点;——→风向

图 9.1 灌溉田的测点位置

2. 大小

测点地段的大小应以能反映该地段的农林小气候特点为原则。如周围农田活动面的特性与该地段活动面特性差异很大,那么,测点的面积就应大些;若差异较小,测点的面积就可小些。比如,平坦地区情况相近的农田,测点面积有 10×10 m^2 或 15×15 m^2 就行了。

测点距边缘的距离,一般在 2 m 以上。若地段性质与周围环境差别较大或地段周围人为影响很大时,观测点与边缘的距离要适当加大,需 3～5 m 或以上。

测点选定后,在小气候特征明显的日子里进行 2～3 次的试点观测,最后再定点正式进行观测,测点确定后,要把测点编上号,按号观测记录。

第二节　观测组织工作

一、观测项目

农林小气候观测应抓住影响农作物(或果树等)生长发育的主要气象要素进行观测。一般观测空气温度与湿度、土壤温度、风速、风向和照度等,同时都应观测太阳视面状况及作物生长状况等。有条件时,再增加太阳辐射、土壤温度、植物本身(叶、茎)温度的观测以及物候观测。

二、观测时间

一般情况无需像气象台站那样逐日观测,只要根据研究目的和作物生育期选择各种天气型(晴、阴、云)各观测若干天就行。观测时间对于观测资料的准确性和比较性有很大的影响。小气候观测时间的确定应遵循以下原则:①所选观测时间应尽可能包括气象台站的观测时间,以便相互比较;②所选观测时间要能够反映出气象要素的日变化特征,包括振幅和相位;③所选观测时间得到的日平均值,要尽可能接近实际的日平均值;④根据研究目的确定观测时间,如逆温、干热风、霜冻的观测。

以农田小气候观测为例,观测时间选择如下:温度、湿度、风的观测时间尽量与气象台站观测时间一致,即每天 02 时、08 时、14 时、20 时四次(或 08 时、14 时、20 时三次)定时观测。如试验需要,也可再作若干天的昼夜观测(每隔 2～3 小时一次)。光照观测可在日间正点(地方时)进行,应包括日出、日落和正午时刻。风速观测除定时观测外,有较大风速时即可进行,因为大风时风速较稳定,能较好地揭示农田中风速的分布规律。总之,要使观测记录能反映气象要素的日变化并能取得平均值和极值。

三、观测高度

确定观测高度,首先要考虑近地面层气象要素的垂直分布特点,即越接近地面,气象要素的梯度一般越大,故观测仪器设置不是等距的,低处应密些,高处可稀些。倒如选择 5 cm、10 cm、20 cm、40 cm、80 cm、160 cm 等高度。把测定值整理在对数方格纸上,由于变成等距离,所以很方便。另外,也要考虑植物的不同生长期,因此,常要取作用面高度(2/3 植株高度处)作为观测高度,但应注意植株 2/3 高度要随植株每增高 10 cm 调整一次。

农田空气温、湿度观测至少取 20 cm、150 cm 及植株 2/3 高度处三个高度。因 20 cm 高度大体上代表贴地气层的情况,又是气象要素垂直变化的转折点,作物长高后又可代表株间小气候。150 cm 高的记录可同大气候资料作比较。植株低矮时需取 5 cm 高度。如果人力充足,可再增加 50 cm、100 cm 高度。此外,根据需要也可选加小麦穗部高度或棉花蕾铃密集高度。

土壤温度观测一般用 0 cm、5 cm、10 cm、15 cm、20 cm 等深度。在水稻中还需测水面和水泥交界处的温度。

农田风速观测常取株顶距地面 1/3 处,作用面和作用面以上 1 m 等三个高度,一般布点比农田空气温、湿度观测要密些。

农田光照观测通常要测出自然光照、植物的主要受光情况及植株下部的透光情况,因此,可选植株表面以上,作用面所在处和株间地面三个高度。此外,视需要和仪器情况再增加几个高度。

四、观测仪器和方法

用于小气候观测的仪器除要求反应灵敏外,还要求小巧轻便,使仪器本身不致搅乱小气候环境。

仪器安装时要使观测记录的质量不受任何外界因素的影响。安装的高度和深度应以仪器的感应部分为准,安装要牢固,以保证仪器安全。一般情况下仪器安装在行间,高的仪器安置在低仪器的北边,且东西排列成行,各种仪器间不要互相影响,便于观测操作。

1. 空气温、湿度的观测

(1)仪器 观测空气温、湿度的仪器常用阿斯曼通风干湿表,也可用附有碟形保护罩(见

图 9.2)的干湿球温度表观测。地面温度用地面温度表或棒状温度表观测。电阻温度表和温差电偶温度表的感应元件小,可制成各种形状,还可多点测量,最适于小气候温度观测使用。植株茎叶及土壤的表面温度可用上述电温度表或红外测温仪测定。

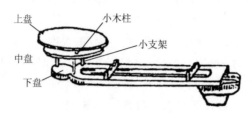

图 9.2 碟形保护罩

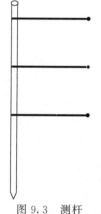

图 9.3 测杆

为了测定不同高度的气象要素值,小气候观测常用测杆(见图 9.3)。测杆用木竹或金属制成,涂成白色或银灰色,要求挺拔坚固,上边标有高度,并备有安装仪器的支架或挂钩若干个。测杆安装在植物行间,支架伸出方向以不挡住阳光为原则,一般以朝向南方为宜。读数时,上午站在仪器西侧,下午站在仪器东侧。

通风干湿表可安装在测杆上,如安装在 50 cm 以下的高度,则应注意将其水平放置,勿使球部朝向太阳,在 50 cm 以上,可垂直悬挂。

地面温度表应水平安放在地面,并将球部和表身一半埋在土中(不要损坏作物根系),一半露出地面。

(2)方法 当高度多、测点多、而人力又缺乏时可采用"对称法",它包括"重复读数"和"往返读数"两种方法。

①重复读数 当观测的高度多、人少时,为了避免气象要素因观测时间太长所产生的误差,常用重复读数的平均值做正式记录。

②往返观测 当一人担任多点观测时,可用往返读数来消除因观测时间太长所产生的误差,"往返读数"法如图 9.4 所示。

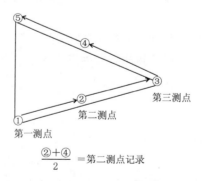

$$\frac{②+④}{2}=第二测点记录$$

图 9.4 往返读数法示意图

现举例说明"重复读数"法如下:

例如 08 时用通风干湿表测定麦田空气温、湿度,取四个高度,可每隔 3 分钟读一组干湿球温度值,如图 9.5 所示。07:30 左右把通风干湿表湿球纱布湿润,开动风扇,并水平放置于测杆离地 5 cm 处。

07:46 再开动风扇,4 min 后即 07:50 干湿球温度表读数并记在观测记录本(温湿度)的 5 cm 栏,以后干湿球温度表由 5 cm 处上升于 20 cm,2/3 株高及 150 cm 处同上法分别于 07:53、07:56 及 07:59 干湿温度表读数并记录在观测记录表(上↑)的 20 cm,2/3 株高及 150 cm 栏。

08:00 后,干湿球温度表在 150 cm 处于 08:01 读数然后下降,在植株 2/3 处,离地 20 cm 及 5 cm 处,分别于 08:04、08:07、08:10 干湿球温度表读数并记录在观测记录表(下↓)的 2/3 株高,20 cm 及 5 cm 栏。

08:00 观测并记录地面温度,用空盒气压表观测当时气压。

(3)记录处理　用"重复读数"法观测时,可作如下处理:

①把各高度(上↑)和(下↓)的干球温度(t)及湿球温度(t')分别相加,计算平均值(保留小数一位),即为各高度的干、湿球温度。

②用各高度的干、湿球温度(t、t')查算得各高度的绝对湿度(e)及相对湿度(γ)。

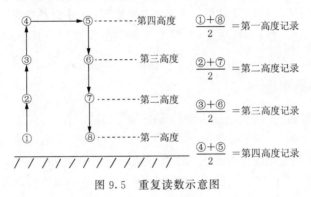

图 9.5　重复读数示意图

2. 风速观测

(1)仪器　用热球式电风速计或轻便风速表。

(2)方法　为消除风速的阵性引起的误差,最好用几个风速表在各高度同时观测。

①由于用热球式电风速计测的是瞬时风速,它随时间的变化很大,因此,可观测 1 min 平均风速。将感应部分安置在所测高度,在指示部分 1 min 读 10(30)个风速数值,即每隔 6 s(2 s)读一个瞬时风速值,记入观测记录表(风速)栏,具体操作方法见第七章第三节。

②手持轻便风速表于所测高度,测定 1 min 平均风速,具体操作方法见第七章。

③记录处理　将热球式电风速计观测的各高度瞬时风速分别相加取平均值。

3. 照度观测

(1)仪器　照度计。

(2)方法　把几个照度计感应部分分别安置于测杆的所测高度支架上,指示部分安放于适当地方,读数并记入观测记录表(照度)栏。

由于照度的单点记录常缺乏代表性,因此,需用多点平均资料,可在各高度上多读几个数值。

观测时,应注意人体尽量远离感应部分,观测者勿穿白色衣服。

(3)计算透光率 I/I_0　先求出植株上方自然光照平均值 I_0 及每一高度光照度的平均

值 I，再计算各高度的透光率 I/I_0。

4. 辅助项目的观测

(1)太阳视面状况按以下符号记载：

0——太阳面无云；

1——太阳面有薄云，但能透过阳光；

2——太阳面有云，透不过阳光，但能见太阳轮廓；

3——太阳面有厚云，见不到太阳轮廓。

(2)土壤表面状况可按干燥、潮湿、湿润三种情况记载。

(3)作物生长状况包括植株高度、植株密度、生长状况评定、作物受气象灾害和虫害的程度等，其中生长状况评定可按好、中、差三级评定。

第三节　观测资料的整理和分析

取得小气候观测资料后应及时对其进行审查、整理，并分析其中的规律性，以便揭示和阐明在各种不同的下垫面构造特性下，各种小气候的主要差异。其整理方法和气象资料整理方法基本相同。

一、观测资料的审查

和气候资料的审查一样，也包括合理性审查和均匀性审查两方面。

1. 合理性审查

指根据气象要素的变化规律查找农林小气候观测资料中存在的不符合变化规律的个别资料。如农田中同一时间下层应比上层空气相对湿度大。但某次观测相对湿度 1.5 m 处反比 20 cm 处大，可肯定观测值 (t,t') 及查算过程必有一处是错的，必须仔细查，找出问题，加以纠正。

2. 均匀性审查

指小气候观测序列能否真实地反映观测点小气候状况。如测点资料某日出现奇大值或奇小值，但原因不明，可对比邻近气候站资料分析，发现问题。

二、观测资料的整理

小气候观测资料可根据研究需要，绘制成图表及作一般统计。

(1)小气候资料表　将小气候观测资料根据需要列成表格，列表时应注明表的名称、单位、观测时间及地点。

(2)小气候图　将小气候观测资料绘制成一定形式的图表示其小气候特征，作图时应注意图名、坐标名称、单位及观测时间、地点。

①气象要素铅直分布图(要素廓线图)

横坐标为要素，纵坐标为高度，能直观地表示气象要素随高度变化情况。可把同一测点不同时间观测资料绘制在同一图上，如图 9.6 所示。也可把不同测点同一时间观测的资料绘制在同一图上，如图 9.7 所示。

②时间变化图

横坐标为时间，纵坐标为要素值，能直观地表示气象要素随时间变化，如图 9.8 所示。

三、观测资料的一般统计

根据研究需要可计算日、旬平均值,挑选极值等,其统计方法见第八章第一节气表-1 统计方法。

四、观测资料的分析

根据农业研究的目的和任务,对小气候图表进行分析,一般分析空气温、湿度、风等要素随时间、空间分布情况。或者与裸地进行对比,以揭示其农林小气候特点。

图 9.6 表明了 1963 年 3 月 29 日澳大利亚澳北区卡塞林处珍珠稗作物全天的温度廓线,当时该作物高约 200 cm。由图 9.6 可见,白天温度随高度递减,而早晚上层比下层温度高,存在着逆温层,这是由于昼夜热流方向相反而形成的。同时由于中午时珍珠稗作物的气孔显著关闭,蒸腾减少,散发到大气中的感热增加,使作物层中温度均较高,早晚气孔恢复活力,蒸腾增加,耗热较多,在植冠中部出现低温层。

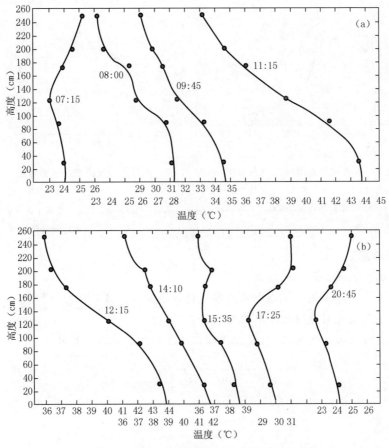

图 9.6 珍珠稗内部和其上面的温度廓线

(a)07:15—11:15;(b)12:15—20:45。

1963 年 3 月 29 日于澳大利亚北区的卡塞林(根据 Begg 等,1964),温度坐标中,

第一行为奇数温度廓线的横坐标刻度(即 07:15、09:45、12:15、15:35、20:45 的温度廓线),

第二行为偶数温度廓线的横坐标刻度(即 08:00、11:15、14:10、17:25 的温度廓线)

图 9.7 把麦田 14 时温度铅直分布与裸地相对比,进一步表明了中午前后麦田小气候特征。该时裸地气温自下向上递减,为日射型。麦田由于受作物层的影响,不仅各高度气温均低于裸地,而且在植株 2/3 附近出现温度高值,原因同上。

图 9.8 是为探讨农田小气候对小麦赤霉病流行的影响而绘制的。据调查,农作一站和二站小麦赤霉病的发病率有显著差异。1986 年 5 月在农作一站和二站分别设点进行农田小气候观测。出于赤霉病菌子囊孢子主要在植株下部,且湿度是该病流行的主要因素,因此,我们主要分析 20 cm 高度的空气湿度。该年 4 月下旬末一场连阴雨后,5 月上旬无雨且高温,地势高的农作一站农田空气湿度持续下降,至 5 月 6 日中午 14 时植株下部 20 cm 处空气湿度仅为 54%,而地势低的农作二站 1—9 日农田空气湿度持续在 90% 以上,仍保持高温状态(见图 9.8),潮湿的植株有利于病菌入侵,因此,提高了发病率,这样为分析不同地段的麦田发病率提供了依据。

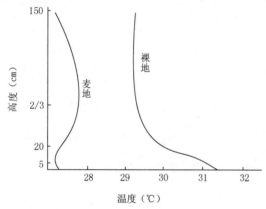

图 9.7　麦田和裸地温度铅直分布图
1990 年 5 月 8 日 14 时 30 分于西北农林科技大学农作一站
(2/3 指植株高度 2/3 处)

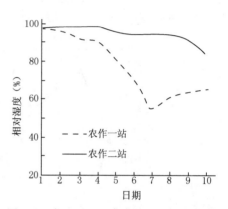

图 9.8　麦田 20 cm 高度处 14 时相对湿度
曲线图
1986 年 5 月 1—10 日于西北农林科技大学
农作一站和二站

【实习思考题】

1. 如何选择农林小气候的观测点?
2. 为什么在农林小气候观测中采用往返读数法和重复读数法?
3. 农林小气候观测时间的选取应遵循什么原则?
4. 实地进行农田小气候观测,整理观测记录并分析农田小气候特征。

附　　录

附录1　天空状况预报用语标准表

预报用语	标准
晴	中、低云云量之和0~4,且总云量≤5
多云	中、低云云量之和5~7或中、低云云量之和≤4,且总云量≥6
阴	中、低云云量之和≥8,总云量不限
高云	总云量≥6,云底高>6000 m
中高云	总云量≥6,云底高≥2500 m
中云	总云量≥6,2500 m≤云底高≤6000 m
中低云	总云量≥6,云底高≤6000 m
低云	总云量≥6,云底高<2500 m
晴转多云	预报时段内,由前一种天空状况转变为后一种天空状况,且转变只有一次。 当预报时段内晴、多云、阴三种天空状况均可能出现,且相互之间只转变一次时,按照预报时段较长的两种选择转变用语
晴转阴	
多云转晴	
多云转阴	
阴转晴	
阴转多云	
晴间多云	预报时段内以前一种天空状况为主,后一种天空状况为辅,两种天空状况交替出现
多云间晴	
多云间阴	
阴间多云	

附录 2　时差表（E_q）

真太阳时（T_0）＝地方平时（T_m）＋时差（E_q）

单位：min

平年	闰年	1月	2月	3月	4月	5月	6月	7月	8月	9月	10月	11月	12月
日期													
1		−3	−13	−13	−4	3	3	−4	−7	0	11	16	11
2	1	−3	−13	−13	−4	3	2	−4	−7	0	11	16	10
3	2	4	−14	−13	−4	3	2	−4	−6	0	11	16	10
4	3	−4	−14	−12	−3	3	2	−4	−6	1	11	16	10
5	4	−5	−14	−12	−3	4	2	−4	−6	1	12	16	9
6	5	−5	−14	−12	−3	4	2	−4	−6	1	12	16	9
7	6	−6	−14	−12	−3	4	2	−5	−6	2	12	16	3
8	7	−6	−14	−12	−2	4	1	−5	−6	2	13	16	3
9	8	−6	−14	−11	−2	4	1	−5	−6	2	13	16	3
10	9	−7	−14	−11	−2	4	1	−5	−6	3	13	16	2
11	10	−7	−14	−11	−1	4	1	−5	−6	3	14	16	2
12	11	−8	−14	−11	−1	4	1	−5	−6	4	14	16	6
13	12	−8	−14	−10	−1	4	0	−5	−5	4	14	16	6
14	13	−8	−14	−10	−1	4	0	−6	−5	4	14	15	5
15	14	−9	−14	−10	0	4	0	−6	−5	5	14	15	5
16	15	−9	−14	−9	0	4	0	−6	−5	5	15	15	5
17	16	−9	−14	−9	0	4	−1	−6	−5	5	15	15	5
18	17	−10	−14	−9	1	4	−1	−6	−5	6	15	15	5
19	18	−10	−14	−9	1	4	−1	−6	−4	6	15	14	5
20	19	−10	−14	−3	1	4	−1	−6	−4	7	15	14	5
21	20	−11	−14	−8	1	4	−1	−6	−4	7	16	14	2
22	21	−11	−14	−8	1	4	−2	−6	−4	7	16	14	2
23	22	−11	−14	−7	2	4	−2	−6	−3	8	16	13	1
24	23	−11	−14	−7	2	4	−2	−7	−3	8	16	13	1
25	24	−12	−14	−7	3	3	−2	−7	−3	8	16	13	0
26	25	−12	−13	−6	2	3	−2	−7	−2	9	16	12	3
27	26	−12	−13	−6	2	3	−3	−7	−2	9	16	12	−2
28	27	−13	−13	−6	3	3	−3	−7	−2	9	16	12	−2
29	28	−13	−13	−5	3	3	−3	−7	−1	10	16	11	−2
30	29	−13		−5	3	3	−3	−7	−1	10	16	11	−2
31	30	−13		−5	3	3	−4	−7	−1	11	16	11	−3
	31			−4		3		−7	0		16		−3

说明：闰年 1、2 月份查表与平年同，3 月 1 日开始查闰年一行。

附录3 太阳赤纬表

单位：°

平年	闰年	月份											
日期		1	2	3	4	5	6	7	8	9	10	11	12
	1	−23.2	−17.6	−8.2	+3.9	+14.5	+21.8	+23.2	+18.5	+8.9	−2.5	−13.9	−21.5
1	2	−23.1	−17.3	−7.9	+4.3	+14.9	+22.0	+23.2	+18.2	+8.6	−2.9	−14.2	−21.7
2	3	−23.0	−17.0	−7.5	+4.6	+15.2	+22.1	+23.1	+18	+8.2	−3.3	−14.5	−21.9
3	4	−22.9	−16.7	−7.1	+5.0	+15.5	+22.2	+23	+17.7	+7.8	−3.7	−14.8	−22.0
4	5	−22.8	−16.4	−6.7	+5.4	+15.8	+22.3	+23	+17.5	+7.5	−4.1	−15.1	−22.1
5	6	−22.7	−16.1	−6.3	+5.8	+16.0	+22.5	+22.9	+17.2	+7.1	−4.4	−15.5	−22.3
6	7	−22.6	−15.8	−5.9	+6.2	+16.3	+22.6	+22.8	+16.9	+6.7	−4.8	−15.8	−22.4
7	8	−22.5	−15.5	−5.6	+6.6	+16.6	+22.7	+22.7	+16.6	+6.4	−5.2	−16.1	−22.5
8	9	−22.3	−15.2	−5.2	+6.9	+16.9	+22.8	+22.6	+16.4	+6.0	−5.6	−16.4	−22.6
9	10	−22.2	−14.9	−4.8	+7.3	+17.2	+22.9	+22.5	+16.1	+5.6	−6.0	−16.1	−22.8
10	11	−22.1	−14.6	−4.4	+7.7	+17.4	+23.0	+22.3	+15.8	+5.2	−6.4	−16.9	−22.9
11	12	−21.9	−14.3	−4.0	+8.0	+17.7	+23.0	+22.2	+15.5	+4.9	−6.7	−17.2	−22.9
12	13	−21.8	−13.9	−3.6	+8.4	+17.9	+23.1	+22.1	+15.2	+4.5	−7.1	−17.5	−23.0
13	14	−21.6	−13.6	−3.2	+8.8	+18.2	+23.2	+21.9	+14.9	+4.1	−7.5	−17.8	−23.1
14	15	−21.4	−13.3	−2.8	+9.1	+18.4	+23.2	+21.8	+14.5	+3.7	−7.9	−18.0	−23.2
15	16	−21.3	−12.9	−2.4	+9.5	+18.7	+23.3	+21.7	+14.3	+3.3	−8.2	−18.3	−23.2
16	17	−21.1	−12.6	−2.0	+9.9	+18.9	+23.3	+21.5	+14	+2.9	−8.6	−18.6	−23.3
17	18	−20.9	−12.2	−1.6	+10.2	+19.2	+23.4	+21.3	+13.7	+2.6	−9.0	−18.8	−23.3
18	19	−20.7	−11.9	−1.2	+10.6	+19.4	+23.4	+21.2	+13.4	+2.2	−9.3	−19.1	−23.4
19	20	−20.5	−11.5	−0.8	+10.9	+19.6	+23.4	+21	+13.0	+1.8	−9.7	−19.3	−23.4
20	21	−20.3	−11.2	−0.4	+11.3	+19.8	+23.4	+20.8	+12.7	+1.4	−10.1	−19.5	−23.4
21	22	−20.1	−10.8	+0.1	+11.6	+20.0	+23.4	+20.6	+12.5	+1.0	−10.4	−19.8	−23.4
22	23	−19.8	−10.5	+0.3	+11.9	+20.2	+23.4	+20.4	+12.0	+0.6	−10.8	−20.0	−23.4
23	24	−19.6	−10.1	+0.7	+12.3	+20.4	+23.4	+20.2	+11.7	+0.2	−11.1	−20.2	−23.4
24	25	−19.4	−9.7	+1.1	+12.6	+20.6	+23.4	+20.0	+11.4	−0.2	−11.5	−20.4	−23.4
25	26	−19.1	−9.4	+1.5	+12.9	+20.8	+23.4	+19.8	+11.0	−0.6	−11.8	−20.6	−23.4
26	27	−18.9	−9.0	+1.9	+13.3	+21.0	+23.4	+19.6	+10.7	−0.9	−12.2	−20.8	−23.4
27	28	−18.6	−8.6	+2.3	+13.6	+21.2	+23.4	+19.4	+10.3	−1.3	−12.5	−21.0	−23.4
28	29	−18.4	−8.2	+2.7	+13.9	+21.3	+23.3	+19.2	+10.0	−1.7	−12.9	−21.2	−23.3
29	30	−18.1		+3.1	+14.2	+21.5	+23.3	+18.9	+9.6	−2.1	−13.2	−21.4	−23.3
30	31	−17.9		+3.5	+14.5	+21.7	+23.2	+18.7	+9.3	−2.5	−13.5	−21.5	−23.2
31		−17.6		+3.9		+21.8		+18.8	+8.9		−13.9		−23.2

附录4　日照时间表（日出至日入间之时数）

单位:h

月	北纬								
	20°	24°	28°	32°	36°	40°	44°	48°	52°
	逐月可照时数								
1	342.2	334.9	327.3	318.9	309.7	299.4	287.8	274.0	257.6
2(平)	321.2	317.5	313.6	309.4	304.7	299.6	293.7	286.8	276.5
2(闰)	332.7	328.9	324.8	320.4	315.6	310.3	304.2	297.1	286.5
3	372.0	371.6	371.1	370.5	369.9	369.3	368.5	367.8	366.2
4	377.3	380.5	384.2	388.2	392.4	397.3	402.6	408.9	415.2
5	404.2	411.0	418.3	426.1	434.8	444.4	455.5	468.5	484.5
6	398.2	406.4	415.2	424.6	435.2	447.0	460.7	476.8	498.2
7	408.0	415.6	423.8	432.6	442.4	453.5	466.1	480.9	501.4
8	395.4	400.2	405.2	410.7	416.9	423.5	431.3	440.2	453.0
9	366.3	367.1	368.1	369.3	370.5	371.8	373.4	375.1	379.9
10	361.1	353.1	354.9	351.6	347.9	343.9	339.5	334.1	330.3
11	334.6	328.3	321.6	314.5	306.7	297.9	287.9	276.3	265.0
12	338.1	329.9	321.2	311.7	301.2	289.5	276.1	260.4	242.3
平年	4418.6	4421.1	4424.4	4428.1	4432.3	4437.1	4443.0	4449.8	4470.1
闰年	4430.1	4432.5	4435.7	4439.1	4443.2	4447.8	4453.5	4460.1	4480.1
月—日	逐日可照时数								
1—1	10.90	10.63	10.35	10.04	9.70	9.32	8.89	8.39	7.82
1—6	10.93	10.67	10.40	10.10	9.77	9.40	8.89	8.48	7.92
1—11	10.97	10.72	10.46	10.17	9.85	9.50	9.09	8.62	8.07
1—16	11.02	10.78	10.53	10.25	9.95	9.62	9.23	8.78	8.27
1—21	11.08	10.85	10.61	10.35	10.07	9.75	9.39	8.97	8.48
1—26	11.14	10.93	10.71	10.47	10.21	9.91	9.58	9.18	8.73
2—1	11.23	11.04	10.84	10.62	10.38	10.11	9.82	9.45	9.05
2—6	11.30	11.13	10.95	10.75	10.54	10.30	10.03	9.71	9.35
2—11	11.38	11.23	11.07	10.90	10.71	10.50	10.25	9.97	9.65
2—16	11.47	11.34	11.20	11.05	10.88	10.70	10.49	10.25	9.95
2—21	11.56	11.45	11.33	11.20	11.06	10.91	10.74	10.53	10.28
2—26	11.65	11.56	11.46	11.36	11.24	11.12	10.98	10.81	10.62
3—1	11.71	11.63	11.55	11.46	11.35	11.25	11.12	10.98	10.80

月—日	北纬								
	20°	24°	28°	32°	36°	40°	44°	48°	52°
	逐日可照时数								
3—6	11.80	11.75	11.69	11.62	11.54	11.46	11.37	11.27	11.13
3—11	11.90	11.86	11.82	11.78	11.73	11.68	11.62	11.56	11.48
3—16	12.00	11.98	11.96	11.94	11.92	11.90	11.88	11.86	11.82
3—21	12.10	12.10	12.11	12.11	12.12	12.13	12.14	12.15	12.17
3—26	12.20	12.23	12.26	12.29	12.32	12.35	12.39	12.44	12.48
4—1	12.30	12.35	12.41	12.47	12.53	12.61	12.69	12.79	12.88
4—6	12.40	12.47	12.53	12.63	12.72	12.83	12.94	13.08	13.22
4—11	12.49	12.58	12.68	12.79	12.91	13.04	13.19	13.36	13.56
4—16	12.58	12.69	12.81	12.95	13.09	13.25	13.43	13.64	13.88
4—21	12.67	12.80	12.94	13.10	13.27	13.46	13.67	13.92	14.20
4—26	12.76	12.90	13.07	13.25	13.44	13.66	13.90	14.18	14.52
5—1	12.83	13.00	13.19	13.39	13.61	13.85	14.12	14.44	14.82
5—6	12.91	13.10	13.30	13.52	13.76	14.03	14.34	14.69	15.13
5—11	12.98	13.19	13.41	13.65	13.91	14.20	14.54	14.93	15.40
5—16	13.25	13.27	13.51	13.77	14.05	14.36	14.72	15.15	15.67
5—21	13.11	13.35	13.60	13.87	14.17	14.51	14.89	15.35	15.90
5—26	13.17	13.42	13.68	13.96	14.28	14.64	15.04	15.52	16.13
6—1	13.22	13.48	13.76	14.06	14.39	14.76	15.20	15.70	16.35
6—6	13.25	13.52	13.81	14.12	14.46	14.85	15.30	15.82	16.48
6—11	13.28	13.55	13.84	14.16	14.52	14.91	15.37	15.91	16.62
6—16	13.29	13.57	13.87	14.19	14.55	14.95	15.41	15.96	16.68
6—21	13.30	13.58	13.88	14.20	14.56	14.96	15.43	15.98	16.72
6—26	13.29	13.57	13.87	14.19	14.55	14.95	15.42	15.97	16.68
7—1	13.28	13.55	13.84	14.16	14.52	14.92	15.37	15.92	16.63
7—6	13.25	13.52	13.81	14.12	14.46	14.86	15.30	15.83	16.53
7—11	13.22	13.48	13.76	14.06	14.39	14.77	15.12	15.72	16.40
7—16	13.18	13.43	13.70	13.99	14.13	14.67	15.09	15.57	16.22
7—21	13.13	13.37	13.63	13.90	14.20	14.55	14.94	15.40	16.02
7—26	13.07	13.30	13.54	13.79	14.08	14.41	14.78	15.21	15.80
8—1	12.99	13.20	13.42	13.66	13.93	14.22	14.56	14.95	15.48
8—6	12.92	13.11	13.32	13.54	13.79	14.05	14.36	14.72	15.22
8—11	12.85	13.02	13.20	13.41	13.63	13.87	14.15	14.48	14.92

续表

月一日	北纬								
	20°	24°	28°	32°	36°	40°	44°	48°	52°
	逐日可照时数								
8—16	12.77	12.92	13.08	13.26	13.46	13.68	13.94	14.23	14.63
8—21	12.68	12.82	12.96	13.12	13.29	13.49	13.72	13.96	14.32
8—26	12.59	12.71	12.83	12.97	13.12	13.29	13.47	13.69	14.00
9—1	12.49	12.58	12.68	12.79	12.91	13.04	13.19	13.36	13.62
9—6	12.40	12.47	12.55	12.63	12.72	12.83	12.95	13.08	13.30
9—11	12.30	12.35	12.41	12.47	12.54	12.61	12.70	12.79	12.97
9—16	12.21	12.24	12.27	12.31	12.35	12.40	12.45	12.51	12.63
9—21	12.11	12.12	12.13	12.15	12.17	12.18	12.20	12.22	12.30
9—26	12.02	12.01	12.00	11.99	11.98	11.96	11.95	11.93	11.97
10—1	11.93	11.89	11.86	11.82	11.78	11.74	11.69	11.64	11.65
10—6	11.83	11.78	11.72	11.66	11.59	11.52	11.44	11.35	11.30
10—11	11.74	11.67	11.59	11.50	11.40	11.31	11.19	11.06	10.98
10—16	11.65	11.55	11.45	11.34	11.22	11.09	10.95	10.78	10.65
10—21	11.56	11.44	11.31	11.18	11.04	10.88	10.71	10.50	10.32
10—26	11.46	11.33	11.18	11.03	10.86	10.68	10.47	10.22	10.02
11—1	11.37	11.21	11.04	10.86	10.66	10.44	10.19	9.90	9.63
11—6	11.28	11.11	10.92	10.71	10.49	10.25	9097	9.65	9.33
11—11	11.21	11.01	10.80	10.58	10.34	10.07	9.76	9.40	9.05
11—16	11.14	10.92	10.70	10.46	10.20	9.90	9.56	9.17	8.78
11—21	11.08	10.85	10.61	10.35	10.07	9.75	9.39	8.96	8.52
11—26	11.02	10.78	10.52	10.25	9.95	9.61	9.22	8.77	8.30
12—1	10.97	10.72	10.45	10.17	9.85	9.49	9.09	8.61	8.12
12—6	10.93	10.67	10.40	10.10	9.77	9.40	8.98	8.48	7.95
12—11	10.90	10.64	10.36	10.05	9.71	9.33	8.89	8.38	7.83
12—16	10.88	10.62	10.33	10.01	9.67	9.29	8.84	8.32	7.75
12—21	10.88	10.61	10.32	10.00	9.65	9.27	8.82	8.30	7.70
12—26	10.88	10.61	10.32	10.01	9.66	9.23	8.84	8.31	7.72

查表说明：

1. 表上没有的纬度和日期用内插法查算。

2. 查各月可照总时数时，纬度精确到 $30'$，即 $01'\sim14'$ 不计，$15'\sim44'$ 作 $30'$ 计，$45'\sim59'$ 作 $1°$ 计。

3. 查逐日可照时数时，纬度精确到 $1°$，即：$01'\sim29'$ 不计，$30'\sim59'$ 作 $1°$ 计。

附录5 空气相对湿度查算表（利用干湿球温度表）

湿球温度 t'（℃）	不同干湿球温度差（Δt）条件下的空气相对湿度（%）												
	0.0℃	0.5℃	1.0℃	1.5℃	2.0℃	2.5℃	3.0℃	3.5℃	4.0℃	4.5℃	5.0℃	5.5℃	6.0℃
30.0	100	96	93	89	86	83	79	77	74	71	68	66	63
29.5	100	96	93	89	86	83	79	76	74	71	68	66	63
29.0	100	96	93	89	86	82	79	76	73	71	68	65	63
28.5	100	96	92	89	85	82	79	76	73	70	68	65	62
28.0	100	96	92	89	85	82	79	76	73	70	67	65	62
27.5	100	96	92	89	85	82	79	76	73	70	67	64	62
27.0	100	96	92	89	85	82	78	75	72	69	67	64	61
26.5	100	96	92	88	85	81	78	75	72	69	66	64	61
26.0	100	96	92	88	84	81	78	74	72	69	66	63	61
25.5	100	96	92	88	84	81	78	74	71	68	66	63	60
25.0	100	96	92	88	84	81	78	74	71	68	65	63	60
24.5	100	96	92	88	84	81	77	74	71	68	65	62	59
24.0	100	96	92	88	84	80	77	74	71	67	65	62	59
23.5	100	96	92	88	84	80	77	73	70	67	64	61	59
23.0	100	96	91	87	84	80	76	73	70	67	64	61	58
22.5	100	96	91	87	83	80	76	73	69	66	63	60	58
22.0	100	96	91	87	83	80	76	73	69	66	63	60	57
21.5	100	95	91	87	83	79	76	72	69	66	63	60	57
21.0	100	95	91	87	83	79	75	72	68	65	62	59	56
20.5	100	95	91	87	83	79	75	71	68	65	62	59	56
20.0	100	95	91	86	82	79	75	71	68	64	61	58	55
19.5	100	95	91	86	82	78	74	71	67	64	61	58	55
19.0	100	95	91	86	82	78	74	70	67	63	60	57	54
18.5	100	95	90	86	82	78	74	70	66	63	60	57	54
18.0	100	95	90	86	81	77	73	70	66	63	59	56	53

湿球温度 t′ (℃)	不同干湿球温度差（Δt）条件下的空气相对湿度（%）												
	0.0℃	0.5℃	1.0℃	1.5℃	2.0℃	2.5℃	3.0℃	3.5℃	4.0℃	4.5℃	5.0℃	5.5℃	6.0℃
17.5	100	95	90	86	81	77	73	69	66	62	59	56	53
17.0	100	95	90	85	81	77	73	69	65	62	58	55	52
16.5	100	95	90	85	81	76	72	68	65	61	58	54	51
16.0	100	95	90	85	80	76	72	68	64	61	57	54	51
15.5	100	95	90	85	80	76	72	67	64	60	57	53	50
15.0	100	95	89	84	80	75	71	67	63	59	56	53	50
14.5	100	94	89	84	79	75	71	66	63	59	55	52	49
14.0	100	94	89	84	79	75	70	66	62	58	55	51	48
13.5	100	94	89	84	79	74	70	66	61	58	54	51	47
13.0	100	94	89	84	78	74	69	65	61	57	53	50	46
12.5	100	94	89	83	78	73	69	64	60	56	53	49	46
12.0	100	94	88	83	78	73	68	64	60	56	52	48	45
11.5	100	94	88	83	77	72	68	63	59	55	51	47	44
11.0	100	94	88	82	77	72	67	63	58	54	50	47	43
10.5	100	94	88	82	77	71	67	62	58	53	50	46	42
10.0	100	94	88	82	76	71	66	61	57	53	49	45	41
9.5	100	93	87	81	76	70	65	61	56	52	48	44	40
9.0	100	93	87	81	75	70	65	60	55	51	47	43	39
8.5	100	93	87	81	75	69	64	59	55	50	46	42	38
8.0	100	93	87	80	74	69	64	59	54	49	45	41	37
7.5	100	93	86	80	74	68	63	58	53	48	44	40	36
7.0	100	93	86	80	73	68	62	57	52	47	43	39	35
6.5	100	93	86	79	73	67	61	56	51	46	42	38	34
6.0	100	93	85	79	72	66	61	55	50	46	41	37	33
5.5	100	92	85	78	72	66	60	54	49	44	40	35	31
5.0	100	92	85	78	71	65	59	54	48	43	39	34	30
4.5	100	92	85	77	71	64	58	53	47	42	37	33	29
4.0	100	92	84	77	70	64	57	52	46	41	36	32	27

湿球温度 t' (℃)	不同干湿球温度差（Δt）条件下的空气相对湿度（%）												
	0.0℃	0.5℃	1.0℃	1.5℃	2.0℃	2.5℃	3.0℃	3.5℃	4.0℃	4.5℃	5.0℃	5.5℃	6.0℃
3.5	100	92	84	76	69	63	57	50	45	40	35	30	26
3.0	100	91	84	76	68	62	56	50	44	39	34	29	24
2.5	100	91	83	75	68	61	55	48	43	37	32	27	23
2.0	100	91	83	75	67	60	54	47	41	36	31	26	21
1.5	100	91	82	74	66	59	52	46	40	35	29	24	20
1.0	100	91	82	74	66	58	51	45	39	33	28	23	18
0.5	100	91	81	73	65	57	50	44	37	31	26	21	16
0.0	100	90	81	72	64	56	49	42	36	30	25	19	14
−0.5	100	90	81	72	63	55	48	41	35	29	23	17	12
−1.0	100	90	80	71	62	54	47	40	33	27	21	16	
−1.5	100	89	79	70	61	53	45	38	31	25	19	14	
−2.0	100	89	79	69	60	52	44	37	30	23	17	12	
−2.5	100	89	79	69	59	51	43	35	28	21	15		
−3.0	100	89	78	68	58	49	41	33	26	19	13		
−3.5	100	88	77	67	57	48	40	32	24	17	11		
−4.0	100	88	77	66	56	47	38	30	22	15			
−4.5	100	87	76	65	55	45	37	28	20	13			
−5.0	100	87	75	64	53	44	35	26	18	11			
−5.5	100	87	75	63	52	42	33	24	16				
−6.0	100	87	74	62	51	40	31	22	14				
−6.5	100	86	73	61	50	39	29	20	11				
−7.0	100	86	72	59	48	37	27	18					
−7.5	100	85	72	59	47	35	25	15					
−8.0	100	85	71	57	45	33	23	13					
−8.5	100	84	70	56	44	32	21						
−9.0	100	84	69	55	42	30	19						
−9.5	100	84	68	54	40	28	16						
−10.0	100	83	67	52	38	25	13						

湿球温度 t' （℃）	不同干湿球温度差（Δt）条件下的空气相对湿度（%）											
	6.5℃	7.0℃	7.5℃	8.0℃	8.5℃	9.0℃	9.5℃	10.0℃	10.5℃	11.0℃	11.5℃	12.0℃
30.0	61	59	57	54	52	50	49	47	45	43	42	40
29.5	61	58	56	54	52	50	48	46	45	43	41	40
29.0	60	58	56	54	52	50	48	46	44	42	41	39
28.5	60	58	55	53	51	49	47	45	44	42	40	39
28.0	60	57	55	53	51	49	47	45	43	42	40	38
27.5	59	57	55	53	50	48	46	45	43	41	39	38
27.0	59	57	54	52	50	48	46	44	42	41	39	37
26.5	59	56	54	52	50	48	46	44	42	40	38	37
26.0	58	56	53	51	49	47	45	43	41	40	38	36
25.5	58	55	53	51	49	47	45	43	41	39	37	36
25.0	57	55	53	50	48	46	44	42	40	39	37	35
24.5	57	54	52	50	48	46	44	42	40	38	36	35
24.0	56	54	52	49	47	45	43	41	39	38	36	34
23.5	56	53	51	49	47	45	43	41	39	37	35	33
23.0	56	53	51	48	46	44	42	40	38	36	35	33
22.5	55	53	50	48	46	43	41	39	38	36	34	32
22.0	55	52	50	47	45	43	41	39	37	35	33	32
21.5	54	52	49	47	44	42	40	38	36	35	33	31
21.0	54	51	49	46	44	42	40	38	36	34	32	30
20.5	53	51	48	46	43	41	39	37	35	33	31	30
20.0	53	50	47	45	43	40	38	36	34	33	31	29
19.5	52	49	47	44	42	40	38	36	34	32	30	28
19.0	51	49	46	44	41	39	37	35	33	31	29	28

湿球温度 t' (℃)	不同干湿球温度差(Δt)条件下的空气相对湿度(%)											
	6.5℃	7.0℃	7.5℃	8.0℃	8.5℃	9.0℃	9.5℃	10.0℃	10.5℃	11.0℃	11.5℃	12.0℃
18.5	51	48	46	43	41	38	36	34	32	30	29	27
18.0	50	48	45	42	40	38	36	34	32	30	28	26
17.5	50	47	44	42	39	37	35	33	31	29	27	25
17.0	49	46	44	41	39	36	34	32	30	28	26	25
16.5	48	46	43	40	38	36	33	31	29	27	25	24
16.0	48	45	42	40	37	35	33	30	28	26	25	23
15.5	47	44	41	39	36	34	32	30	28	26	24	22
15.0	46	43	41	38	36	33	31	29	27	25	23	21
14.5	46	43	40	37	35	32	30	28	26	24	22	20
14.0	45	42	39	36	34	31	29	27	25	23	21	19
13.5	44	41	38	36	33	31	28	26	24	22	20	18
13.0	43	40	37	35	32	30	27	25	23	21	19	17
12.5	42	39	37	34	31	29	26	24	22	20	18	16
12.0	42	39	36	33	30	28	25	23	21	19	17	
11.5	41	38	35	32	29	27	24	22	20	18	16	
11.0	40	37	34	31	28	26	23	21	19	17		
10.5	39	36	33	30	27	24	22	20	17	15		
10.0	38	35	32	29	26	23	21	19	16	14		
9.5	37	34	30	28	25	22	20	17	15			
9.0	36	33	29	26	24	21	18	16				
8.5	35	31	28	25	22	20	17	15				
8.0	34	30	27	24	21	18	16	13				
7.5	32	29	26	23	20	17	14					

湿球温度 t' （℃）	不同干湿球温度差（Δt）条件下的空气相对湿度（%）											
	6.5℃	7.0℃	7.5℃	8.0℃	8.5℃	9.0℃	9.5℃	10.0℃	10.5℃	11.0℃	11.5℃	12.0℃
7.0	31	28	25	21	19	16	13					
6.5	30	27	23	20	17	14	12					
6.0	29	25	22	19	16	13						
5.5	28	24	20	17	14	11						
5.0	26	23	19	16	13							
4.5	25	21	18	14	11							
4.0	23	20	16	13								
3.5	22	18	14	11								
3.0	20	16	13									
2.5	19	15	11									
2.0	17	13										
1.5	15	11										
1.0	14											
0.5	12											

查表方法：

1. t' 为湿球温度，Δt 为干湿球温度差。

例，干球温度 $t=25.0℃$，湿球温度 $t'=16.5℃$，干湿差 $\Delta t=8.5℃$，查得空气相对湿度 $r=38\%$。

2. 表上没有的湿球温度用靠近法查算，干湿差用内插法查算。

例，干球温度 $t=24.0℃$，湿球温度 $t'=16.1℃$，干湿差 $\Delta t=7.9℃$.

湿球温度 t' 为 $16.1℃$，靠近 $16.0℃$，因此用 $t'=16.0℃$ 进行查算。

干湿差 Δt 为 $7.9℃$，介于 $7.5℃$ 和 $8.0℃$ 之间。

$t'=16.0℃$，$\Delta t=7.5℃$ 时，空气相对湿度 $r=42\%$。

$t'=16.0℃$，$\Delta t=8.0℃$ 时，空气相对湿度 $r=40\%$。

Δt 相差 $0.5℃$，r 相差 2%。

Δt 相差 $0.1℃$，r 相差 $2\%\div5=0.4\%$

所以，当 $t'=16.1℃$，$\Delta t=7.5℃$ 时，空气相对湿度 $r=42\%-0.4\%\times4\approx40\%$。

附录6　空气相对湿度查算表（利用通风干湿表）

湿球温度 t' (℃)	不同干湿球温度差（Δt）条件下的空气相对湿度（%）												
	0.0℃	0.5℃	1.0℃	1.5℃	2.0℃	2.5℃	3.0℃	3.5℃	4.0℃	4.5℃	5.0℃	5.5℃	6.0℃
30.0	100	96	93	90	86	83	80	77	75	72	69	67	65
29.5	100	96	93	90	86	83	80	77	74	72	69	67	64
29.0	100	96	93	90	86	83	80	77	74	72	69	66	64
28.5	100	96	92	90	86	83	80	77	74	71	69	66	64
28.0	100	96	92	89	86	83	80	77	74	71	68	66	63
27.5	100	96	92	89	86	83	79	77	74	71	68	65	63
27.0	100	96	92	89	86	82	79	76	73	71	68	65	63
26.5	100	96	92	89	85	82	78	76	73	70	68	65	63
26.0	100	96	92	89	85	82	78	76	73	70	64	65	62
25.5	100	96	92	89	85	82	78	75	73	70	64	65	62
25.0	100	96	92	89	85	82	78	75	72	69	64	64	62
24.5	100	96	92	89	85	81	78	75	72	69	66	64	61
24.0	100	96	92	88	85	81	78	75	72	69	66	63	61
23.5	100	96	92	88	85	81	78	75	72	68	66	63	61
23.0	100	96	92	88	84	81	78	74	71	68	65	63	60
22.5	100	96	92	88	84	81	78	74	71	68	65	62	60
22.0	100	96	92	88	84	81	77	74	71	68	65	62	59
21.5	100	95	92	88	84	80	77	74	70	67	65	62	59
21.0	100	95	92	88	84	80	77	73	70	67	64	61	58
20.5	100	95	92	88	83	80	77	73	70	67	64	61	58
20.0	100	95	91	87	83	80	76	73	69	66	63	60	58
19.5	100	95	91	87	83	79	76	72	69	66	63	60	58
19.0	100	95	91	87	83	79	76	72	69	65	62	59	57
18.5	100	95	91	87	83	79	75	71	68	65	62	59	57
18.0	100	95	91	87	83	79	75	71	68	65	62	59	56

湿球温度 t′ (℃)	不同干湿球温度差(Δt)条件下的空气相对湿度(%)												
	0.0℃	0.5℃	1.0℃	1.5℃	2.0℃	2.5℃	3.0℃	3.5℃	4.0℃	4.5℃	5.0℃	5.5℃	6.0℃
17.5	100	95	91	87	82	79	75	71	68	64	61	58	55
17.0	100	95	91	86	82	78	74	71	67	64	61	58	55
16.5	100	95	91	86	82	78	74	70	67	64	60	57	54
16.0	100	95	91	86	82	78	74	70	66	63	60	57	54
15.5	100	95	91	86	81	78	73	69	66	63	59	56	53
15.0	100	95	90	85	81	77	73	69	65	62	59	55	52
14.5	100	94	90	85	80	77	73	68	65	61	58	55	52
14.0	100	94	90	85	80	76	72	68	64	61	57	54	51
13.5	100	94	90	85	80	76	72	68	64	60	57	54	50
13.0	100	94	90	85	80	76	71	67	63	60	56	53	50
12.5	100	94	90	84	79	75	71	67	63	59	56	52	49
12.0	100	94	90	84	79	75	70	66	62	59	55	52	48
11.5	100	94	89	84	78	75	70	66	62	58	55	51	48
11.0	100	94	89	84	78	74	69	65	61	57	54	50	47
10.5	100	94	89	83	78	74	69	65	61	57	53	49	46
10.0	100	94	89	83	78	73	69	64	60	56	52	49	45
9.5	100	93	89	83	78	73	68	64	59	56	52	48	45
9.0	100	93	88	82	77	72	68	63	59	55	51	47	44
8.5	100	93	88	82	77	72	68	63	58	54	50	47	43
8.0	100	93	88	82	76	71	66	62	57	53	49	46	42
7.5	100	93	88	81	76	71	66	61	56	53	48	45	41
7.0	100	93	87	81	76	70	65	60	56	52	48	44	40
6.5	100	93	87	81	75	70	65	60	56	51	46	43	39
6.0	100	93	87	81	75	69	64	59	54	50	46	42	38
5.5	100	92	87	80	75	68	64	58	54	49	48	41	34
5.0	100	92	86	80	74	68	63	57	53	48	44	40	36
4.5	100	92	86	79	73	67	62	57	52	47	43	39	35
4.0	100	92	86	79	73	67	61	56	51	46	42	37	33

湿球温度 t'（℃）	不同干湿球温度差（Δt）条件下的空气相对湿度（%）												
	0.0℃	0.5℃	1.0℃	1.5℃	2.0℃	2.5℃	3.0℃	3.5℃	4.0℃	4.5℃	5.0℃	5.5℃	6.0℃
3.5	100	92	85	78	72	66	61	55	50	45	41	36	33
3.0	100	91	85	78	72	65	60	54	49	44	39	35	31
2.5	100	91	85	77	71	64	59	53	48	43	39	34	30
2.0	100	91	84	77	70	64	58	52	47	42	37	33	28
1.5	100	91	84	77	70	64	57	52	46	41	36	32	27
1.0	100	91	83	76	69	62	56	50	44	39	34	30	25
0.5	100	91	83	76	68	62	55	50	43	39	33	29	24
0.0	100	91	83	75	67	61	54	48	42	37	31	27	22
−0.5	100	91	83	75	67	61	53	47	41	36	30	26	21
−1.0	100	91	82	74	66	59	52	46	39	34	29	24	19
−1.5	100	91	81	74	65	59	51	45	38	33	27	23	18
−2.0	100	91	81	73	64	57	50	43	37	31	25	20	15
−2.5	100	91	81	73	63	56	48	42	35	30	23	19	15
−3.0	100	91	80	71	62	55	47	40	34	28	22	16	11
−3.5	100	90	80	71	61	54	46	39	33	26	21	15	
−4.0	100	90	79	70	61	52	45	37	30	24	18	13	
−4.5	100	90	78	70	59	52	43	36	30	22	17		
−5.0	100	90	78	68	59	50	42	34	27	20	14		
−5.5	100	90	77	68	57	49	42	33	26	18			
−6.0	100	89	77	66	56	47	39	30	23	16			
−6.5	100	89	76	66	55	46	38	29	22	14			
−7.0	100	88	76	64	54	44	35	27	19	12			
−7.5	100	88	74	64	52	43	35	25					
−8.0	100	88	74	62	51	41	32	23					
−8.5	100	87	73	62	49	39	31	20					
−9.0	100	87	73	60	48	38	28	18					
−9.5	100	87	71	60	46	36	27	16					
−10.0	100	87	71	58	45	34	23	13					

续表

湿球温度 t'（℃）	不同干湿球温度差（Δt）条件下的空气相对湿度（%）											
	6.5℃	7.0℃	7.5℃	8.0℃	8.5℃	9.0℃	9.5℃	10.0℃	10.5℃	11.0℃	11.5℃	12.0℃
30.0	62	60	58	56	54	52	50	48	47	45	43	42
29.5	62	60	58	56	53	51	49	48	46	45	43	41
29.0	62	60	57	55	53	51	49	48	46	44	43	41
28.5	62	59	57	55	53	51	49	47	45	44	42	41
28.0	61	59	57	55	53	51	49	47	45	43	42	40
27.5	61	59	56	54	52	50	48	46	45	43	42	40
27.0	60	58	56	54	52	50	48	46	44	43	41	39
26.5	60	58	55	54	52	50	48	46	44	42	41	39
26.0	60	57	55	53	51	49	47	45	44	42	40	39
25.5	60	57	55	53	51	49	47	45	43	41	40	39
25.0	59	57	54	52	50	48	46	44	43	41	39	38
24.5	59	56	54	52	50	48	46	44	42	40	39	37
24.0	58	56	54	51	49	47	45	43	42	40	38	37
23.5	58	56	53	51	49	47	45	43	41	40	38	36
23.0	58	55	53	51	48	46	44	42	41	39	37	36
22.5	57	55	52	50	48	46	44	42	40	39	37	35
22.0	57	54	52	50	47	45	43	41	40	38	36	35
21.5	57	54	51	49	47	45	43	41	39	37	36	34
21.0	56	53	51	49	46	44	42	40	39	37	35	33
20.5	56	53	50	48	46	44	42	40	38	36	34	33
20.0	55	52	50	48	45	43	41	39	37	36	33	32
19.5	55	52	49	47	45	43	40	39	37	35	33	32
19.0	54	51	49	47	44	42	40	38	36	34	33	31

湿球温度 t' （℃）	不同干湿球温度差（Δt）条件下的空气相对湿度（%）											
	6.5℃	7.0℃	7.5℃	8.0℃	8.5℃	9.0℃	9.5℃	10.0℃	10.5℃	11.0℃	11.5℃	12.0℃
18.5	54	51	49	46	44	41	40	38	36	34	32	30
18.0	53	50	48	45	43	41	39	37	35	33	31	30
17.5	52	50	48	45	42	41	38	36	35	33	31	29
17.0	52	49	47	44	42	40	38	36	34	33	30	28
16.5	51	49	46	44	41	39	37	35	33	31	29	28
16.0	51	48	45	43	41	38	36	34	32	30	29	27
15.5	50	48	45	42	41	38	35	34	32	30	28	26
15.0	50	47	44	42	39	37	35	33	31	29	27	25
14.5	49	46	43	41	39	36	34	32	30	28	26	25
14.0	48	45	43	40	38	35	33	31	29	27	25	24
13.5	48	45	42	40	37	35	33	30	28	27	26	23
13.0	47	44	41	39	36	34	32	29	27	25	24	22
12.5	46	43	40	38	35	33	31	29	27	25	23	21
12.0	45	42	40	37	35	32	30	28	26	24	22	20
11.5	45	42	39	36	34	32	29	27	25	23	21	19
11.0	44	41	38	35	33	30	28	26	24	22	20	18
10.5	43	40	37	34	32	30	27	25	23	21	19	17
10.0	42	39	36	33	31	28	26	24	22	20	18	16
9.5	41	39	36	32	30	27	26	23	21	19	17	15
9.0	40	37	34	32	29	26	24	22	20	18	16	14
8.5	39	37	33	31	28	25	23	21	19	17	14	13
8.0	39	35	32	29	27	24	22	19	17	15	13	11
7.5	38	35	31	29	25	24	20	18	16	14	13	10

湿球温度 t' （℃）	不同干湿球温度差（Δt）条件下的空气相对湿度（%）											
	6.5℃	7.0℃	7.5℃	8.0℃	8.5℃	9.0℃	9.5℃	10.0℃	10.5℃	11.0℃	11.5℃	12.0℃
7.0	37	33	30	27	24	22	19	17	15	13	11	9
6.5	36	32	30	26	23	21	18	16	14	12	10	
6.0	34	31	28	25	22	19	17	15	12	10		
5.5	34	30	27	24	21	18	16	14	11			
5.0	32	29	25	22	19	17	14	12	10			
4.5	31	27	25	21	19	15	13					
4.0	30	26	23	20	17	14	11					
3.5	28	26	22	19	16	12	10					
3.0	27	23	20	17	14	11						
2.5	26	22	19	16	12							
2.0	24	21	17	14	11							
1.5	24	19	15	13								
1.0	21	17	14	10								
0.5	20	16	13									

查表方法：

1. t' 为湿球温度，Δt 为干湿球温度差。

例，干球温度 $t=19.0℃$，湿球温度 $t'=14.0℃$，干湿差 $\Delta t=5.0℃$，查得空气相对湿度 $r=57\%$。

2. 表上没有的湿球温度用靠近法查算，干湿差用内插法查算。

例，干球温度 $t=20.5℃$，湿球温度 $t'=13.8℃$，干湿差 $\Delta t=6.7℃$。

湿球温度 t' 为 $13.8℃$，靠近 $14.0℃$，因此用 $t'=14.0℃$ 进行查算。

干湿差 Δt 为 $6.7℃$，介于 $6.5℃$ 和 $7.0℃$ 之间。

$t'=14.0℃$，$\Delta t=6.5℃$ 时，空气相对湿度 $r=48\%$。

$t'=14.0℃$，$\Delta t=7.0℃$ 时，空气相对湿度 $r=45\%$。

Δt 相差 $0.5℃$，r 相差 3%。

Δt 相差 $0.1℃$，r 相差 $3\% \div 5 = 0.6\%$。

所以，当 $t'=13.8℃$，$\Delta t=6.7℃$ 时，空气相对湿度 $r=48\% - 0.6\% \times 2 \approx 47\%$。

附录 7　露点温度查算表（℃）

水汽压(hPa) \ 露点温度 \ 水汽压(hPa)	0.0	0.1	0.2	0.3	0.4	0.5	0.6	0.7	0.8	0.9
0	<−52.7	−52.7	−42.4	−37.4	−33.9	−31.3	−29.2	−27.4	−25.8	−24.4
1	−23.1	−22.0	−21.0	−20.0	−19.1	−18.3	−17.5	−16.7	−16.0	−15.4
2	−14.7	−14.1	−13.5	−13.0	−12.4	−11.9	−11.4	−10.9	−10.5	−10.0
3	−9.6	−9.2	−8.7	−8.3	−7.9	−7.6	−7.2	−6.8	−6.5	−6.1
4	−5.8	−5.5	−5.2	−4.8	−4.5	−4.2	−3.9	−3.7	−3.4	−3.1
5	−2.8	−2.6	−2.3	−2.0	−1.8	−1.5	−1.3	−1.0	−0.8	−0.6
6	−0.3	0.0	0.1	0.4	0.6	0.8	1.0	1.2	1.4	1.6
7	1.8	2.1	2.2	2.4	2.6	2.8	3.0	3.2	3.4	3.6
8	3.7	3.9	4.1	4.3	4.4	4.6	4.8	4.9	5.1	5.3
9	5.4	5.6	5.7	5.9	6.0	6.2	6.4	6.5	6.7	6.8
10	6.9	7.1	7.2	7.4	7.5	7.7	7.8	8.0	8.1	8.2
11	8.3	8.5	8.6	8.8	8.9	9.0	9.1	9.3	9.4	9.5
12	9.6	9.8	9.9	10.0	10.1	10.3	10.4	10.5	10.6	10.7
13	10.8	11.0	11.1	11.2	11.3	11.4	11.5	11.6	11.7	11.9
14	12.0	12.1	12.2	12.3	12.4	12.5	12.6	12.7	12.8	12.9
15	13.0	13.1	13.2	13.3	13.4	13.5	13.6	13.7	13.8	13.9
16	14.0	14.1	14.2	14.3	14.4	14.5	14.6	14.7	14.8	14.8
17	14.9	15.0	15.1	15.2	15.3	15.4	15.5	15.6	15.7	15.7
18	15.8	15.9	16.0	16.1	16.2	16.3	16.3	16.4	16.5	16.6
19	16.7	16.8	16.8	16.9	17.0	17.1	17.2	17.2	17.3	17.4
20	17.5	17.6	17.6	17.7	17.8	17.9	18.0	18.0	18.1	18.2
21	18.3	18.3	18.4	18.5	18.6	18.6	18.7	18.8	18.9	18.9
22	19.0	19.1	19.1	19.8	19.3	19.4	19.4	19.5	19.6	19.6
23	19.7	19.8	19.9	19.9	20.0	20.1	20.1	20.2	20.3	20.3
24	20.4	20.5	20.5	20.6	20.7	20.7	20.8	20.9	20.9	21.0
25	21.1	21.1	21.2	21.2	21.3	21.4	21.4	21.5	21.6	21.6
26	21.7	21.8	21.8	21.9	21.9	22.0	22.1	22.1	22.2	22.3
27	22.3	22.4	22.4	22.5	22.6	22.6	22.7	22.7	22.8	22.9
28	22.9	23.0	23.0	23.1	23.1	23.2	23.3	23.3	23.4	23.4
29	23.5	23.5	23.6	23.7	23.7	23.8	23.8	23.9	23.9	24.0
30	24.1	24.1	24.2	24.2	24.3	24.3	24.4	24.4	24.5	24.5
31	24.6	24.7	24.7	24.8	24.8	24.9	24.9	25.0	25.0	25.1
32	25.1	25.2	25.2	25.3	25.3	25.4	25.4	25.5	25.5	25.6

水汽压(hPa) 露点温度 \ 水汽压(hPa)	0.0	0.1	0.2	0.3	0.4	0.5	0.6	0.7	0.8	0.9
33	25.7	25.7	25.8	25.8	25.9	25.9	26.0	26.0	26.1	26.1
34	26.2	26.2	26.3	26.3	26.4	26.4	26.5	26.5	26.6	26.6
35	26.6	26.7	26.7	26.8	26.8	26.9	26.9	27.0	27.0	27.1
36	27.1	27.2	27.2	27.3	27.3	27.4	27.4	27.5	27.5	27.5
37	27.6	27.6	27.7	27.7	27.8	27.8	27.9	27.9	28.0	28.0
38	28.1	28.1	28.1	28.2	28.2	28.3	28.3	28.4	28.4	28.5
39	28.5	28.5	28.6	28.6	28.7	28.7	28.8	28.8	28.9	28.9
40	28.9	29.0	29.0	29.1	29.1	29.2	29.2	29.2	29.3	29.3
41	29.4	29.4	29.5	29.5	29.5	29.6	29.6	29.7	29.7	29.7
42	29.8	29.8	29.9	29.9	30.0	30.0	30.0	30.1	30.1	30.2
43	30.2	30.2	30.3	30.3	30.4	30.4	30.4	30.5	30.5	30.6
44	30.6	30.6	30.7	30.7	30.8	30.8	30.8	30.9	30.9	31.0
45	31.0	31.0	31.1	31.1	31.2	31.2	31.2	31.3	31.3	31..3
46	31.4	31.4	31.5	31.5	31.5	31.6	31.6	31.7	31.7	31.7
47	31.8	31.8	31.8	31.9	31.9	32.0	32.0	32.0	32.1	32.1
48	32.1	32.2	32.2	32.3	32.3	32.3	32.4	32.4	32.4	32.5
49	32.5	32.5	32.6	32.6	32.7	32.7	32.7	32.8.	32.8	32.8
50	32.9	32.9	32.9	33.0	33.0	33.0	33.1	33.1	33.2	33.2
51	33.2	33.3	33.3	33.3	33.4	33.4	33.4	33.5	33.5	33.5
52	33.6	33.6	33.6	33.7	33.7	33.7	33.8	33.8	33.8	33.9
53	33.9	33.9	34.0	34.0	34.0	34.1	34.1	34.1	34.2	34.2
54	34.2	34.3	34.3	34.3	34.4	34.4	34.4	34.5	34.5	34.5
55	34.6	34.6	34.6	34.7	34.7	34.7	34.8	34.8	34.8	34.9
56	34.9	34.9	35.0	35.0	35.0	35.1	35.1	35.1	35.2	35.2
57	35.2	35.3	35.3	35.3	35.3	35.4	35.4	35.4	35.5	35.5
58	35.5	35.6	35.6	35.6	35.7	35.7	35.7	35.8	35.8	35.8
59	35.8	35.9	35.9	35.9	36.0	36.0.	36.0	36.1	36.1	36.1
60	36.2	36.2	36.2	36.2	36.3	36.3	36.3	36.4	36.4	36.4
61	36.5	36.5	36.5	36.5	36.6	36.6	36.6	36.7	36.7	36.7
62	36.7	36.8	36.8	36.8	36.9	36.9	36.9	37.0	37.0	37.0
63	37.0	37.1	37.1	37.1	37.2	37.2	37.2	37.2	37.3	37.3
64	37.3	37.4	37.4	37.4	37.4	37.5	37.5	37.5	37.6	37.6
65	37.6	37.6	37.7	37.7	37.7	37.8	37.8	37.8	37.8	37.9
66	37.9	37.9	38.0	38.0	38.0	38.0	38.1	38.1	38.1	38.2
67	38.2	38.2	38.2	38.3	38.3	38.3	38.3	38.4	38.4	38.4
68	38.4	38.5	38.5	38.5	38.6	38.6	38.6	38.6	38.7	38.7
69	38.7	38.7	38.8	38.8	38.8	38.9	38.9	38.9	38.9	39.0

附录8 初终日累计日数查算表（按年度统计）

单位:d

日期\月份	7月	8月	9月	10月	11月	12月	1月	2月	3月	4月	5月	6月
1	1	32	63	93	124	154	185	216	244	275	305	336
2	2	33	64	94	125	155	186	217	245	276	306	337
3	3	34	65	95	126	156	187	218	246	277	307	338
4	4	35	66	96	127	157	188	219	247	278	308	339
5	5	36	67	97	128	158	189	220	248	279	309	340
6	6	37	68	98	129	159	190	221	249	280	310	341
7	7	38	69	99	130	160	191	222	250	281	311	342
8	8	39	70	100	131	161	192	223	251	282	312	343
9	9	40	71	101	132	162	193	224	252	283	313	344
10	10	41	72	102	133	163	194	225	253	284	314	345
11	11	42	73	103	134	164	195	226	254	285	315	346
12	12	43	74	104	135	165	196	227	255	286	316	347
13	13	44	75	105	136	166	197	228	256	287	317	348
14	14	45	76	106	137	167	198	229	257	288	318	349
15	15	46	77	107	138	168	199	230	258	289	319	350
16	16	47	78	108	139	169	200	231	259	290	320	351
17	17	48	79	109	140	170	201	232	260	291	321	352
18	18	49	80	110	141	171	202	233	261	292	322	353
19	19	50	81	111	142	172	203	234	262	293	323	354
20	20	51	82	112	143	173	204	235	263	294	324	355
21	21	52	83	113	144	174	205	236	264	295	325	356
22	22	53	84	114	145	175	206	237	265	296	326	357
23	23	54	85	115	146	176	207	238	266	297	327	358
24	24	55	86	116	147	177	208	239	267	298	328	359
25	25	56	87	117	148	178	209	240	268	299	329	360
26	26	57	88	118	149	179	210	241	269	300	330	361
27	27	58	89	119	150	180	211	242	270	301	331	362
28	28	59	90	120	151	181	212	243	271	302	332	363
29	29	60	91	121	152	182	213		272	303	333	364
30	30	61	92	122	153	183	214		273	304	334	365
31	31	62		123		184	215		274		335	

注:如遇闰年,2月29应为244,3月1日及以后的累计日数均须加1

附录9 初终日累计日数查算表（按年份统计）

单位:d

月份\日期	1月	2月	3月	4月	5月	6月	7月	8月	9月	10月	11月	12月
1	1	32	60	91	121	152	182	213	244	274	305	335
2	2	33	61	92	122	153	183	214	245	275	306	336
3	3	34	62	93	123	154	184	215	246	276	307	337
4	4	35	63	94	124	155	185	216	247	277	308	338
5	5	36	64	95	125	156	186	217	248	278	309	339
6	6	37	65	96	126	157	187	218	249	279	310	340
7	7	38	66	97	127	158	188	219	250	280	311	341
8	8	39	67	98	128	159	189	220	251	281	312	342
9	9	40	68	99	129	160	190	221	252	282	313	343
10	10	41	69	100	130	161	191	222	253	283	314	344
11	11	42	70	101	131	162	192	223	254	284	315	345
12	12	43	71	102	132	163	193	224	255	285	316	346
13	13	44	72	103	133	164	194	225	256	286	317	347
14	14	45	73	104	134	165	195	226	257	287	318	348
15	15	46	74	105	135	166	196	227	258	288	319	349
16	16	47	75	106	136	167	197	228	259	289	320	350
17	17	48	76	107	137	168	198	229	260	290	321	351
18	18	49	77	108	138	169	199	230	261	291	322	352
19	19	50	78	109	139	170	200	231	262	292	323	353
20	20	51	79	110	140	171	201	232	263	293	324	354
21	21	52	80	111	141	172	202	233	264	294	325	355
22	22	53	81	112	142	173	203	234	265	295	326	356
23	23	54	82	113	143	174	204	235	266	296	327	357
24	24	55	83	114	144	175	205	236	267	297	328	358
25	25	56	84	115	145	176	206	237	268	298	329	359
26	26	57	85	116	146	177	207	238	269	299	330	360
27	27	58	86	117	147	178	208	239	270	300	331	361
28	28	59	87	118	148	179	209	240	271	301	332	362
29	29		88	119	149	180	210	241	272	302	333	363
30	30		89	120	150	181	211	242	273	303	334	364
31	31		90		151		212	243		304		365

注:如遇闰年,2月29应为244,3月1日及以后的累计日数均须加1

气象实验报告簿

班级:＿＿＿＿＿＿＿＿＿

姓名:＿＿＿＿＿＿＿＿＿

学号:＿＿＿＿＿＿＿＿＿

太阳辐射观测实验报告

观测日期：　　　　年　　月　　日

观测地点：　　　　　　　　　　　　天气条件：

实验仪器：

数据记录：

1. 直接辐射和总辐射

使用的仪器	直接辐射表(S)		总辐射表(Q)	
灵敏度				
观测时间(北京时)				
辐射电流表读数				
辐照度(W/m²)				
太阳视面状况				

注：太阳视面状况按以下符号记载

0　太阳面无云　　　　　　　　　　　　　1　太阳面有薄云,但能透过阳光

2　太阳面有云,透不过阳光,但能见太阳轮廓　3　太阳面有厚云,见不到太阳轮廓

2. 散射辐射(D)

使用的仪器	总辐射表(Q)	直接辐射表(S)	散射辐射表(D)
灵敏度			
观测时间(北京时)			
辐射电流表读数			
辐照度(W/m²)			
太阳视面状况			

散射辐射 D＝总辐射 Q－直接辐射 S'＝　　　　　－　　　　　＝

水平面上太阳直接辐射 $S'＝S\times\sin h＝$　　　　×　　　　＝

太阳高度角 $\sin h＝\sin\varphi\sin\delta＋\cos\varphi\cos\delta\cos\omega$

北京时	杨陵时	时差订正值	真太阳时	时角 $\omega(°)$	赤纬 $\delta(°)$

3. 照度

瞬时照度

观测次数	第一次	第二次	第三次
观测时间			
观测值(lx)			
观测面性质			

短时照度

观测次数		第一次	第二次	第三次	平均值
观测面性质	观测时间				
	观测值(lx)				
观测面性质	观测时间				
	观测值(lx)				
观测面性质	观测时间				
	观测值(lx)				

温度观测实验报告

观测日期：　　　　年　　月　　日

观测地点：　　　　　　　　　　　天气条件：

实验仪器：

读数记录：

单位:℃

观测次数			第一次	第二次	第三次
观测时间（北京时）					
气温	干球温度表				
	湿球温度表				
	最高温度表				
	最低温度表	酒精柱			
		游标			
地温	0 cm				
	最低温度表	酒精柱			
		游标			
	最高温度表				
	5 cm				
	10 cm				
	15 cm				
	20 cm				
温度计读数					
备注					

湿度观测实验报告

观测日期： 　　　年　　月　　日

实验仪器： 　　　　　　　　　　　　　　天气条件：

读数记录：

仪器名称　　　　数据	百叶箱干湿球温度表			通风干湿表		
观测地点						
观测次数	第一次	第二次	第三次	第一次	第二次	第三次
观测时间（北京时）						
t（℃）						
t_w（℃）						
P（hPa）						
n						
Δt_w（℃）						
$t_w{}'$（℃）						
水汽压 e（hPa）						
相对湿度 r（%）						
饱和差 d（hPa）						
露点 t_d（℃）						
湿度计读数（℃）						
毛发湿度表（%）						
备　注						

测风实验报告

观测日期：　　　年　　月　　日

实验仪器：　　　　　　　　　　　　　天气条件：

数据记录：

仪器名称				轻便三杯风向风速表		热球式电风速计	目力测风	
次数	时间	地点	要素	瞬时	平均	风速	—	
第一次			风向（方位）				风力等级	
			风速（m/s）				物象	
第二次			风向（方位）				风力等级	
			风速（m/s）				物象	
第三次			风向（方位）				风力等级	
			风速（m/s）				物象	
备注								

综 合 观 测

观测日期：   观测地点：   天气条件：

观测时间												
气温	读数	器差	订正后	读数	器差	订正后	读数	器差	订正后	读数	器差	订正后
干球温度表												
湿球温度表												
最高温度表												
最低温度表　酒精柱												
最低温度表　游标												
地温	读数	器差	订正后	读数	器差	订正后	读数	器差	订正后	读数	器差	订正后
0 cm 地温												
最低温度表　酒精柱												
最低温度表　游标												
最高温度表												
5 cm 地温												
10 cm 地温												
15 cm 地温												
20 cm 地温												
40 cm 地温												
水汽压												
露点温度												
相对湿度												
温度计读数												
湿度计读数												
风向、风速												
降水												
气压												

小气候观测记录表

观测地点：　　　　　　　　　　　　　　　　　　观测日期：　　年　　月　　日

高度 \ 项目 次数 读数		干球温度（℃）			湿球温度（℃）			干湿差（℃）	相对湿度（%）	风速（m/s）	风向
		读数	误差	订正后	读数	误差	订正后				
	第一次（正点前）										
	第二次（正点后）										
	第一次（正点前）										
	第二次（正点后）										
	第一次（正点前）										
	第二次（正点后）										
	第一次（正点前）										
	第二次（正点后）										
天空状况	观测前										
	观测后										
作物状况											
备注											

资 料 整 理

资料1 月报表选摘 武功气象站 1964年4月

日期		T气温（0.1℃）							
公历	农历	02	08	14	20	合计	平均	最高	最低
YY	—	×××	×××	×××	×××	—	—	×××	×××
1		16.0	14.4	21.3	16.9	68.6	17.2	22.5	13.1
2		12.4	9.8	10.1	11.4	43.7	10.9	17.4	9.2
3		9.7	9.7	17.1	15.0	51.5	12.9	17.8	7.6
4		12.3	13.5	17.7	15.4	58.9	14.7	19.7	10.6
5		11.8	9.6	10.9	11.8	44.1	11.0	16.2	8.9
6		8.6	8.1	15.2	12.2	44.1	11.0	16.1	6.7
7		7.5	5.5	8.0	7.8	28.8	7.2	12.3	5.5
8		7.4	6.2	9.9	9.8	33.3	8.3	10.6	6.0
9		8.4	7.9	12.5	11.9	40.7	10.2	15.1	7.4
10		8.7	8.7	16.2	15.2	48.8	12.2	18.5	6.6
上旬计	—	102.8	93.4	138.9	127.4	462.5	115.6	166.2	81.6
11		11.3	10.3	18.3	16.7	56.6	14.2	19.9	8.1
12		12.2	11.7	14.3	14.1	52.3	13.1	19.0	11.2
13		13.6	12.4	13.9	14.4	54.3	13.6	15.2	12.3
14		13.9	12.9	19.3	17.0	63.1	15.8	20.3	12.5
15		13.0	14.8	16.1	15.6	59.5	14.9	17.5	12.3
16		14.2	13.0	14.5	14.4	56.1	14.0	16.2	12.9
17		13.4	12.4	13.1	13.0	51.9	13.0	14.6	12.2
18		12.1	11.7	13.1	13.7	50.6	12.7	17.5	11.6
19		13.8	13.7	14.8	15.5	57.8	14.5	16.3	13.3
20		15.2	14.0	17.0	14.4	60.6	15.2	19.2	13.5
中旬计	—	132.7	126.9	154.4	148.8	562.8	141.0	170.7	119.9
21		11.7	13.3	23.2	17.0	65.2	16.3	23.9	10.4
22		12.4	13.3	21.0	19.1	65.8	16.5	22.2	10.3
23		17.6	15.0	19.0	17.4	69.0	17.3	20.7	14.6
24		15.4	14.6	14.8	14.0	58.8	14.7	17.8	14.0
25		12.8	13.0	17.1	16.0	58.9	14.7	18.4	12.1
26		12.4	13.8	17.5	18.1	61.8	15.5	21.0	11.6
27		14.2	12.9	14.1	13.1	54.3	13.6	18.2	12.8
28		11.1	10.6	10.5	10.7	42.9	10.7	13.4	9.7
29		10.0	10.4	14.6	13.5	48.5	12.1	15.4	9.7
30		12.0	14.4	21.0	16.2	63.6	15.9	22.7	11.4
31									
下旬计	—	129.6	131.3	172.8			147.3	193.7	116.6
下旬平均	—	13.0	13.1	17.3			19.4	11.7	
月合计	—	365.1	351.6	466.1	431.3	1614.1	403.9	530.6	318.1
月平均	—	12.2	11.7	15.5	14.4			17.7	10.6
月极值	—	最高		日期		最低		日期	

候平均气温			
候序	气温	候序	气温
1		4	
2		5	
3		6	

日期	R 定时降水量(0.1mm)			
	20—08	08—20	合计	08—08
YY	×××	×××	×××	—
1				4.7
2	4.7	14.6	19.3	14.6
3				
4				10.2
5	10.2	4.0	14.2	4.0
6				
7		0.0	0.0	0.0
8	0.0		0.0	
9				
10				
上旬计				
11				
12		0.0	0.0	0.0
13				0.0
14	0.0	0.0	0.0	0.0
15	0.0	7.8	7.8	8.9
16	1.1	0.0	1.1	2.0
17	2.0	18.3	20.3	21.7
18	3.4	12.4	15.8	17.9
19	5.5	5.9	11.4	6.2
20	0.3		0.3	
中旬计	12.3	44.4	56.7	
21				0.1
22	0.1		0.1	8.4
23	8.4	0.2	8.6	0.2
24	0.0	3.9	3.9	4.0
25	0.1		0.1	
26				0.0
27	0.0		0.0	
28		7.2	7.2	7.2
29	0.0		0.0	1.5
30	1.5	0.0	1.5	0.0
31				
下旬计	10.1	11.3	21.4	
月合计				

候降水量	
候序	降水量
1	
2	
3	
4	
5	
6	

各 级 降 水 日 数							
≥0.1	≥1.0	≥5.0	≥10.0	≥25.0	≥50.0	≥100.0	≥150.0

一日最大降水量		日期	
最长连续降水日数		降水量		起止日期	
最长连续无降水日数			起止日期	

资料 2：某地月平均气温（1954－1980 年）

月份	1	2	3	4	5	6	7	8	9	10	11	12
温度（℃）	－1.2	1.9	7.7	13.6	18.5	24.4	26.0	24.8	18.8	13.3	6.5	0.6

表 1：用资料 2，统计该地≥0℃，≥10℃的平均初、终日期，持续天数

项目	初　日	终　日	持续天数
≥0℃			
≥10℃			

表 2：积温统计表（利用资料 2）

月份	≥10℃		月份	≥10℃	
	活动积温	有效积温		活动积温	有效积温
1			7		
2			8		
3			9		
4			10		
5			11		
6			12		
全年	活动积温：			有效积温：	

• 绘制风向频率图

根据资料 3 某地 4 月风向频率(1959－1980 年)资料绘制该地风向频率图。

资料 3：某地 4 月风向频率(1959－1980 年)

风向	N	NNE	NE	ENE	E	ESE	SE	SSE	S	SSW	SW	WSW	W	WNW	NW	NNW	C
频率%	4	3	5	6	9	7	5	2	2	2	2	5	8	7	6	5	21

• 降水资料统计(依据资料 4)

1. 初充完整资料 4 中的空白区,并根据资料 4 的内容计算以下变量:

平均距平＝

平均绝对变率＝

平均相对变率＝

最大变率＝

资料4　逐年降水量(1935－1980年)(单位:mm)

年份	年降水量	距平	年份	年降水量	距平	年份	年降水量	距平
1935	661.0	+37.8	1951	552.1	−71.1	1967	639.5	+16.3
1936	457.0	−166.2	1952	917.3	+294.1	1968	784.6	+161.4
1937	720.6	+97.4	1953	567.9	−55.3	1969	520.5	−102.7
1938	664.8	+41.6	1954	705.9	+82.7	1970	743.7	+120.5
1939	462.3	−160.9	1955	631.7	+8.5	1971	545.8	−77.4
1940	628.2	+5.0	1956	782.0	+158.8	1972	571.1	−52.1
1941	509.1	−114.1	1957	679.9	+56.7	1973	591.2	−32.0
1942	500.2	−123.0	1958	979.7	+356.5	1974	633.7	+10.5
1943	716.4	+93.7	1959	469.5	−153.7	1975	850.2	+227.0
1944	528.7	−94.5	1960	657.6	+34.4	1976	553.7	−69.5
1945	624.5	+1.3	1961	619.1	−4.1	1977	327.1	−296.1
1946	678.8	+55.6	1962	525.1	−98.1	1978	601.8	−21.4
1947	549.6	−73.6	1963	590.6	−32.6	1979	462.8	−160.4
1948	658.4	+35.2	1964	887.6	+264.4	1980	598.9	
1949	645.4		1965	641.1		合计		
1950	513.4		1966	516.1		平均		

1. 表3:降水量保证率统计表(1935－1980年)

组序号	组限 mm	频　数(年)	频率%	保证率%
1				
2				
3				
4				
5				
6				
7				
8				
9				
10				

2. 绘制降水保证率图

3. 表 4:不同保证率年降水量

保证率%	10	20	30	40	50	60	70	80	90	95
年降水量